U0867028

婴幼儿照护类专业系列教材

儿童感觉统合
发展与训练

丛书主编：叶平枝

本书编委会

主　编

程冠三　段桂琴

副主编

高丽芷　程维祎

编　者（按姓氏笔画排序）

王亚哲　史晓依　白银燕　任韵静　苏晓静　李　幸
周春霞　郎永斌

北京师范大学出版集团
BEIJING NORMAL UNIVERSITY PUBLISHING GROUP
北京师范大学出版社

图书在版编目（CIP）数据

儿童感觉统合发展与训练 / 程冠三，段桂琴主编．北京 ：北京师范大学出版社，2024.9 -- ISBN 978-7-303-30146-1

Ⅰ．B844.12

中国国家版本馆CIP数据核字第20244N4P10号

教材意见反馈 gaozhifk@bnupg.com 010-58805079
营销中心电话 010-58802181 58805532
编辑部电话 010-58807468

出版发行：北京师范大学出版社 www.bnupg.com
北京市西城区新街口外大街12-3号
邮政编码：100088
印　刷：天津旭非印刷有限公司
经　销：全国新华书店
开　本：787 mm × 1092 mm 1/16
印　张：14.25
字　数：264 千字
版　次：2024 年 9 月第 1 版
印　次：2024 年 9 月第 1 次印刷
定　价：43.50 元

策划编辑：王　超　　责任编辑：朱冉冉
美术编辑：焦　丽　　装帧设计：焦　丽
责任校对：孟　浩　　责任印制：陈　涛　赵　龙

丛书序

大力发展职业教育对于降低失业率、解决就业结构的矛盾，提高生产力和劳动者的整体素质，减少贫富差距、树立劳动者尊严，激发劳动者热情和创造力，推动我国民族复兴都具有重要意义。如果说德国经济腾飞的秘密武器是其双元制的职业教育体系，那么，我国职业教育的纵深发展也将成为撬动我国经济、社会发展的重要力量。进入“十四五”，我国职业教育又有了新的起点、新变化：中等职业教育从“就业导向”到“就业与升学导向”，毕业生既可以直接就业，也可以继续升学到专科和本科职业院校，因而成为高等教育的生源基础，有着多元的发展路径；高职专科进入提质培优、增值赋能、以质图强，加快迈进现代化的新阶段；高职本科坚持理论先行、“高举高打”，充分发挥其在职业教育中的龙头地位。

2021年3月教育部印发《职业教育专业目录（2021年）》（教职成〔2021〕2号），首次对中职、高职专科和高职本科三个层次专业目录进行一体化修（制）订，建立了统一的分类框架和上下衔接的专业名称，使职业教育类型特征更为凸显。通过中职、高职专科、高职本科一体化专业设置，为学生职业发展打开通路。

根据这些职业教育发展趋势和国家《“十四五”职业教育规划教材建设实施方案》，本系列教材聚焦于婴幼儿照护类专业，通过不同梯度的内容设计，为学前教育、婴幼儿托育服务与管理、早期教育、婴幼儿发展与健康管理等专业提供专业教材，同时，也为实现“幼有所育、幼有优育、幼有善育”奠定基础。

在编写过程中，编写组努力体现如下原则：（1）坚持正确的政治方向和价值导向；（2）以培养德智体美劳全面发展的社会主义建设者和接班人、未来的“四有好老师”为目标；（3）体现“培根铸魂、启智增慧”；（4）遵循职业教育教学规律和人才成长规律；（5）科学合理编排教材内容。

本系列教材努力体现如下特色：

（1）医养教结合，适用性强。本系列教材聚焦健康和保育，着重补充了婴幼儿照护类专业紧缺的课程教材。教材主要涵盖三个方面：一是婴幼儿卫生保健，包括《儿童感觉统合发展与训练》《婴幼儿常见疾病预防与护理》；二是婴幼儿体育，包括《婴幼儿体质健康与动作发展测评》《婴幼儿运动安全与保护》《婴幼儿运动处方设计与应用》；三是婴幼儿心理健康，包括《婴幼儿发展评价》《婴幼儿行为观察与指导》《婴幼儿常见发展问题与矫正》《婴幼儿亲职教育》。

（2）行业专家领衔，专业度高。教材编写队伍多元，理论和实践专家相结合。本系列教材的编写者既有来自普通高校、职业院校、科研机构的教学研究人员，也有来自医疗机构、保教机构和婴幼儿保育实践的教研员；编写工作既有博导、教授等资深专家领衔，也有中青年新锐积极参与。编写队伍专业水平高，具有使命感、责任感和良好的师德，保证了教材的政治方向、权威性、科学性和前瞻性。

（3）理实一体，可操作性突出。本系列教材为“岗课赛证”融通教材，内容根据职业院校学生的学习特点和职业发展需求编写，既有理论的指导，又有结合岗位需求的实践案例；既体现最新、最前沿学科发展，又深入浅出、可读性强、易于理解。

（4）融媒体教材，立体化呈现。本系列教材将图文并茂的纸媒与数字化的微课、案例视频、在线习题等相结合，根据不同内容的具体需求，立体化呈现各门课程的学习要点、知识难点、核心技能等。设置各类情境中的互动实操环节，帮助学生形成个性化的学习方案和自主学习习惯，注重课程评价的过程性和形成性。

相信本系列教材的出版，将有利于促进相关专业人才培养的开展和质量的提升，从而有力推动我国婴幼儿照护事业健康地、高质量地、持续地发展。同时，也希望通过本系列教材的推广和使用，进一步吸纳一线教师、科研人员及其他使用者的智慧与经验，使教材不断发展和完善，持续为广大师生提供高品质教材。

叶平枝

前 言

儿童健康事关家庭幸福和民族未来。党的二十大报告强调推进健康中国建设，并要求把保障人民健康放在优先发展的战略位置。婴幼儿健康是终身健康的基石，也是健康中国建设的起点。党的十八大以来，以习近平同志为核心的党中央高度重视、亲切关怀儿童健康成长，始终坚持儿童优先原则。2016 年，习近平总书记在全国卫生与健康大会上指出，“要坚定不移贯彻预防为主方针，坚持防治结合、联防联控、群防群控，努力为人民群众提供全生命周期的卫生与健康服务”“要重视少年儿童健康，全面加强幼儿园、中小学的卫生与健康工作，加强健康知识宣传力度，提高学生主动防病意识”。2018 年，习近平总书记在全国教育大会上指出，“要树立健康第一的教育理念，开齐开足体育课，帮助学生在体育锻炼中享受乐趣、增强体质、健全人格、锤炼意志”。

健全人格，始于儿童。主动性、自制力、坚持性、自信心、好奇心等人格因素影响儿童日后的行为发展。

人类行为是影响健康的重要因素，与疾病的发生有着密切联系。当前生物医学模式向生物—心理—社会医学模式转化，儿童发育和行为医学的出现与发展为儿童乃至人类的健康、疾病防治增加了新的途径。

感觉统合训练作为儿童发育行为训练的一种主要形式，多年来在婴幼儿早期发展中发挥着重要的作用。20 世纪 60 年代初期作业治疗师[①]、教育心理学博士珍·艾尔斯（Jean Ayres）首先提出感觉统合理论并持续发展感觉统合理论。1964 年珍·艾尔斯发表的《感觉统合与儿童》（*Sensory Integration and Child*），被广泛认为是感觉统合理论的重要里程碑，将感觉统合定义为大脑处

① 作业治疗师：指导患者通过进行有目的的作业活动，恢复或改善生活自理、学习和工作能力的康复医学技术人员。

理和组织来自身体及环境的感觉信息，使个体能有效地与环境互动。我国于 20 世纪 90 年代初引入感觉统合训练。三十多年来，相关研究人员和实践工作者在理论研究、医学应用、教育实践和创新等方面做了大量的工作。感觉统合训练的受益对象在不断拓展，现已被广泛应用于儿童发育行为训练、特殊儿童的康复训练以及普通儿童的教育活动中。感觉统合训练呈现出非常明显的教育化倾向，在婴幼儿照护服务机构、幼儿园、特殊儿童康复训练机构中得以应用。

2019 年，《国务院办公厅关于促进 3 岁以下婴幼儿照护服务发展的指导意见》出台后，婴幼儿托育服务成为社会关注的重点、热点问题。2021 年，教育部全面修订职业教育专业目录，中等职业教育专业目录中健康管理与促进类新增婴幼儿托育专业，高等职业教育专科专业目录中幼儿发展与健康管理专业更改为婴幼儿托育服务与管理，高等职业教育本科专业目录中新增婴幼儿发展与健康管理专业。职业院校配建感觉统合实训室，感觉统合课程内容已成为婴幼儿托育、早期教育、学前教育、康复治疗技术等专业学生应知应会的知识与技能之一。

2022 年，为全面、客观、准确反映当前社会职业发展实际状况，《中华人民共和国职业分类大典（2022 年版）》中的健康管理师职业新增设儿童感觉统合训练师工种，进一步顺应了儿童健康管理职业发展的趋势，契合了预防、绿色、早期干预的新健康发展理念，满足了人民美好生活的需要。

目前我国儿童感觉统合发展工作面临着专业人员严重缺乏、从业人员的理论知识和实务技能不够系统与全面、操作规范性和训练活动设计能力仍需加强等问题。因此，职业院校相关专业所使用的感觉统合专业学习教材的建设既重要又紧迫。

为满足职业院校健康管理与促进类教材的建设需要，我们组织相关专业人员编写《儿童感觉统合发展与训练》一书。本书的编写秉承两个基本原则。一是强调理论基础，突出实践应用，体现该领域的学科性质。本书共分理论基础篇和实践应用篇两部分：第一部分为前四章，包括感觉统合能力与儿童发展、感觉统合生理基础、感觉统合功能异常和感觉统合训练原则与环境；第二部分为后四章，主要从感觉统合功能评估、感觉统合训练方案、感觉统合训练应用研究、特殊儿童的感觉统合训练等实践层面介绍感觉统合训练的实践应用。二是总结并提炼训练技术新要素。多年来，感觉统合训练以介绍具体训练项目及操作技术为主，对操作技术基本要素的分析总结相对缺乏，对训练人员如何更新训练内容和技术，如何根据儿童的差异对训练融合使用不同的方法等缺少科学深入的分析与研究，特别是缺乏在儿童早期如何在医育结合指导下促进感觉统合发展的方法。本书在第七章“感觉统合训练应用研究”中增加以水介入治疗、马术康复、音乐治疗、农场情境治疗、听觉统合训练治疗几种训练新元素，期望使学习感觉统合者提高创新能力和实践应变能力。

由于感觉统合失调儿童的行为问题多于一般儿童，感觉统合训练人员的师德建设是职业素养的核心，本书坚持以儿童为本的基本原则，坚持师德是教师的立业之基，从教之要；坚持“四有好老师”“四个引路人”“四个相统一”等基本遵循，着力以德立身、以德立学、以德施教、以德育德，“立德树人、德技并修”，真正做到春风化雨、润物无声，让每一堂课都具有育人功能，促进儿童身心全面发展。

本书图文并茂，文字表述力求简洁易懂。每章有学习目标、思维导图、导入，并穿插案例、小贴士、知识链接、小结、关键术语、思考与练习、拓展阅读，部分内容配备训练视频，适合作为职业院校婴幼儿照护类专业（包括婴幼儿托育服务与管理、早期教育、学前教育等专业）教材，也可作为婴幼儿托育服务人员、婴幼儿特殊教育人员、婴幼儿保健及儿童发育行为专业人员技能培训的辅助教材，还可供有相关知识背景的儿童家长和社会人员自学之用。

本书由程冠三、段桂琴担任主编，高丽芷、程维祎担任副主编，各章编写分工如下：第一章由程冠三编写，第二章与第五章由高丽芷编写，第三章由段桂琴编写，第四章由郎永斌编写，第六章由郎永斌、程维祎、任韵静编写，第七章由王亚哲、李幸、周春霞编写，第八章由史晓依、李幸编写。全书视频由苏晓静、白银燕演示。本书的编写得到了广州大学叶平枝教授的大力支持，北京师范大学出版社编辑罗佩珍、王超为本书的编写和出版付出了很多的心血，在此一并致谢！

本书的编者以自己多年的临床、教学和实践积累为基础，在编写过程中参考了大量国内外文献资料，在此向引用文献资料的作者表示谢意。由于编者水平有限，书中难免有不足之处，期望读者、专家和同行赐教，多提宝贵意见。

编　者

目　录

CONTENTS

模块一　理论基础篇

第一章　感觉统合能力与儿童发展　/3

第一节　感觉统合的定义　/4

第二节　感觉统合的发展历程　/5

第三节　感觉统合能力对儿童早期发展的影响　/7

第二章　感觉统合生理基础　/12

第一节　神经生理学概论　/13

第二节　内感觉系统　/18

第三节　前庭系统　/23

第四节　本体运动觉系统　/28

第五节　触觉系统　/34

第六节　听觉系统　/39

第七节　视觉系统　/44

第八节　嗅觉系统　/50

第九节　味觉系统　/53

第三章　感觉统合功能异常　/59

第一节　感觉统合功能异常概述　/60

第二节　运用功能障碍　/66

第三节　视觉空间与听觉处理异常　/68

第四节　大脑半球的功能异常　/70

第五节　不同身心障碍儿童的感觉统合功能异常问题　/72

第四章 感觉统合训练原则与环境 /80

第一节 游戏理论与感觉统合 /81
第二节 感觉统合训练原则 /84
第三节 感觉统合训练环境 /88

模块二 实践应用篇

第五章 感觉统合功能评估 /95

第一节 早期筛查的价值与认识标准化测评 /96
第二节 感觉统合治疗的使命与感觉统合评估的过程 /98
第三节 分龄感觉统合能力发展 /111

第六章 感觉统合训练方案 /114

第一节 触觉功能训练 /115
第二节 重力不安全感训练 /131
第三节 前庭—本体觉训练 /141
第四节 视觉空间能力分辨与知觉训练 /154

第七章 感觉统合训练应用研究 /166

第一节 以水介入治疗 /167
第二节 马术康复 /171
第三节 音乐治疗 /175
第四节 农场情境治疗 /180
第五节 听觉统合训练治疗 /182

第八章 特殊儿童的感觉统合训练 /187

第一节 智力障碍儿童的感觉统合训练 /188
第二节 注意缺陷多动障碍儿童的感觉统合训练 /193
第三节 学习障碍儿童的感觉统合训练 /198
第四节 孤独症儿童的感觉统合训练 /202
第五节 脑瘫儿童的感觉统合训练 /207

参考文献 /212

附表 /215

模块一　理论基础篇

第一章
感觉统合能力与儿童发展

学习目标

1. 了解感觉统合的基本概念。
2. 了解感觉统合的发展历程。
3. 了解感觉统合能力对儿童早期发展的意义。

思维导图

- 第一章　感觉统合能力与儿童发展
  - 第一节　感觉统合的定义
    - 一、视觉
    - 二、听觉
    - 三、本体觉
    - 四、前庭觉
    - 五、触觉
  - 第二节　感觉统合的发展历程
  - 第三节　感觉统合能力对儿童早期发展的影响
    - 一、对生活能力的影响
    - 二、对学习能力发展的影响
    - 三、对心理健康的影响
    - 四、对社会交往能力的影响

导　入

日常生活中有的孩子有攻击性行为，有的孩子孤僻、不爱表达或发音不清晰，有的孩子动作不协调，经常跌倒或撞伤，有的孩子阅读时跳行、漏字、经常写反字或偏旁部首写反、左右不分，有的孩子挑食、偏食，有的孩子多动、注意力不集中，有的孩子晕车，有的孩子害怕洗澡、理发或肢体上的接触等。

对于这些行为，有的教师或家长不了解原因，简单归结为孩子不听话、年龄小，认为他们长大了就好了。儿童的这些行为是什么原因造成的？是否与感觉统合能力发展不足有关？对儿童早期发展有什么影响？本章将介绍感觉统合的定义，讨论感觉统合能力对儿童早期发展的影响。

第一节 感觉统合的定义

感觉统合（sensory integration）是指大脑对个体从视、听、本体、前庭等不同感觉通路输入的感觉信息进行选择、解释、联系和统整的神经心理过程，是个体进行日常生活、学习和工作的基础。艾尔斯将感觉统合定义为“对个体自身和环境的感觉进行组织，并使之有效作用于环境的神经过程”。

其中，视觉、听觉、本体觉、前庭觉、触觉等不同感觉通路是感觉统合的生理基础。下面我们先来了解这几个概念。

一、视觉

视觉是指物体的影像刺激眼睛所产生的感觉。视觉系统在儿童动作发展与感觉统合功能中起着重要的作用。光线经由角膜折射，通过水样液、瞳孔、水晶体落于视网膜上。视网膜作为接收器根据锥状细胞（cone）、杆状细胞（rod）、水平细胞（horizontal cell）、无轴突细胞（amacrine cell）、双极细胞（bipolar cell）、节细胞（ganglion cell）的不同作用形成聚焦视觉（focused vision）和周边视觉（peripheral vision）。聚焦视觉就是聚焦视觉范围的中央部分；周边视觉帮助看聚焦视觉之外的对象和场景，是不受周围环境中光线影响的。儿童接受视觉刺激后通过认知去辨认物体特征，形成视觉，并发展视觉注意力、视觉记忆、视觉区别和视觉想象。这些能力对儿童在阅读、书写以及日常生活中的导航和对象识别等方面至关重要。

二、听觉

听觉是人通过听觉器官对外界声音刺激的反应。听觉系统由外耳、中耳、内耳构成的周围系统和听觉中枢系统组成。听觉中枢系统通过核心路径和带状路径去快速、准确地传递声音、判断声音并做出反应。

三、本体觉

本体觉包括位置觉、运动觉和振动觉。本体觉接受来自皮肤、肌肉、肌腱、关节、韧带、骨骼等的刺激，察觉整个身体、个别肢体的相对位置和在空间中的位置，察觉动作的方向、速度和大小，觉察肌肉实力的大小，以便个体准确把控动作。

四、前庭觉

前庭觉是指受地心引力作用及个体躯体移动（特别是头部运动）刺激时形成的感觉。前庭感觉器位于内耳，结构独特，其感受的躯体运动信息传入中枢后，与小脑及其他神经建立广泛的联系，参与人体多种运动。前庭器由半规管与椭圆囊及球囊组成。

五、触觉

触觉是通过皮肤上的受器去感受包括压、冷、热和其他的感觉刺激等引起的皮肤感受。触觉系统对儿童的发展至关重要，它不仅帮助儿童学习识别不同的物理感觉，还影响他们的情绪调节和环境适应能力。

具体来说，触觉系统包括皮肤表面的感觉受体，它们可以检测和传递与触摸相关的信息。这些信息通过神经纤维传送到大脑，由大脑处理和解释。在儿童的成长过程中，触觉刺激有助于他们了解周围的环境，如识别物体的质地、温度和形状。

感觉统合是大脑中枢选择、判断与整合不同感觉信息通道的神经过程。这一过程对大脑的正常功能至关重要。对儿童来说，大脑就像是一个处理各种感觉刺激的机器，帮助他们通过直接的感觉体验来了解自己的身体和周围环境。在成长发展的过程中，儿童会主动探索周围的世界，并逐步将注意力从最初的物体接触转移到对他们来说有意义的事物上，同时淡化那些与当前需求和情绪不相关的因素。这使得儿童可以更有效地参与游戏活动，同时在情绪层面上获得更好的调节和掌控。

第二节 感觉统合的发展历程

20 世纪 70 年代，感觉统合理论及技术在美国及欧洲各国迅速传播，普通教育机构陆续配建感觉统合训练活动室，这使针对问题儿童的训练取得了较好的效果。20 世纪 80 年代，感觉统合理论被系统地引入日本和韩国，以及我国香港和台湾地区，并得到快速的发展。感觉统合训练在儿童教育机构非常普及，学校教育活动中也大量实施相关的项目，社区的儿童娱乐区域建设也有相关感觉统合功能性设施。

珍・艾尔斯首先提出感觉统合理论并持续发展感觉统合理论。1964 年，她将感觉统合进行了定义；1968—1977 年，她通过对知觉—动作或学习障碍儿童的测试完成南加州感觉统合六因素分析研究，提出运用能力障碍和前庭双侧整合失调、触觉防御、形状及空间知觉不佳、听觉失调、手眼协调能力差的关联性论述；1981 年，她提出前庭觉、本体觉是视觉的主要基础，强调视觉在感觉统合中的作用。1987 年，艾尔斯等人根据南加州感觉统合测验七因素分析发展视觉及动作运用障碍和双侧动作与顺序问题。

1992年，汉德森（Henderson）及其同事提出新的“视觉—空间能力概念”。他们认为，在空间动作中，视觉与本体觉、前庭觉以及触觉刺激互相整合传到顶叶后侧，并把空间概念认知区分为地理位置方向感和物体聚焦空间概念能力两种，使视觉在感觉统合中的功能更为清晰。

1998年，莫里根（Mulligan）根据10 000名儿童的感觉统合及运用能力的测试资料提出“视知觉缺陷、两侧整合及顺序性缺陷、动作运用障碍、体感觉缺陷”的“广泛的操作失调”概念。

在随后的十多年，感觉统合理论在不断发展与实践，在许多国家成为干预儿童发展问题的重要手段之一。与此同时，感觉统合训练应用于对特殊儿童的康复训练以及对普通儿童的教育活动中，呈现出非常明显的教育化倾向，也是儿童教育工作者必须掌握的技能之一。

我国于20世纪90年代引入感觉统合训练。30多年来，儿童保健、发育行为专业人员以及教育科研人员的研究与实践积极推动感觉统合发展，感觉统合训练已成为我国儿童发展问题干预的基本手段之一，医疗机构、儿童健康管理机构、幼儿教育机构等开展了不同形式的儿童感觉统合训练活动。

小贴士

感觉统合在我国的发展

20世纪90年代初期，我国开始感觉统合的训练与研究工作。北京大学精神卫生研究所任桂英、王玉凤，华中科技大学同济医学院吴汉荣等学者针对我国的儿童发展现状进行感觉统合相关研究。1994年，任桂英、王玉凤、顾伯美等学者对北京市城区1 994名学龄儿童开展感觉统合失调调查研究，结果表明感觉统合严重失调率为10.03%，其中男孩感觉统合失调率为14.6%，明显高于女孩的6.4%。严重失调率与美国艾尔斯对正常学龄儿童的研究中14%有前庭功能障碍的结果接近；感觉统合四项的轻度失调率（14.4%～17.1%）与郑信雄对中国台湾儿童的调查结果（14.1%～17.7%）较接近。①在感觉统合评估量表研究方面，任桂英、王玉凤等学者引进并修订了中国台湾版的感觉统合量表（6～14岁版），黄悦勤、王玉凤等学者引进并修订了中国台湾版的感觉统合评定量表（3～6岁版），在感觉统合干预技术、评估量表修订以及相关感觉统合基础研究方面做出了重要的贡献。

经过三十多年的发展，我国的感觉统合训练呈现全面发展的态势，托育机构、早教中心、幼儿园、特殊教育学校、儿童康复机构开展广泛的感觉统合训练与指导。

① 任桂英、王玉凤、顾伯美等：《北京市城区1 994名学龄儿童感觉统合失调的调查报告》，载《中国心理卫生杂志》，1995，9（2）。

在硬件设备研发上，从十几种扩充到百余种，由原来的单一训练器材与传统的民间游戏、游乐设备相融合，全国近百家厂家及研究机构从事感觉统合设备及训练技术的研发和生产；在专业人才培养上，职业院校在早期教育、学前教育、婴幼儿托育服务与管理、幼儿保育、特殊教育、康复治疗技术等专业开设感觉统合选修课、配置感觉统合训练实训室等。

在研究方面，从 1994 年开始，一些重要学术刊物陆续登载介绍儿童感觉统合训练研究方面的文章，每年都有与儿童感觉统合相关的研究报告在多种期刊发表；感觉统合书籍从早期郑信雄的《如何帮助学习困难的孩子》（1999）、陈文德的《学习困难儿童指导手册》（1996）、吴汉荣的《儿童学习困难的预防及其矫治——感觉统合训练指导与案例》（2000），发展到今天已有十余部感觉统合相关著作陆续出版。

2022 年，人力资源社会保障部发布《中华人民共和国职业分类大典（2022 年版）》，儿童感觉统合训练师作为健康管理师职业子工种被纳入国家新职业工种。

我国感觉统合从理论研究、设备研发与生产、训练体系、人才培养等方面迈入新的发展阶段。

第三节　感觉统合能力对儿童早期发展的影响

一、对生活能力的影响

儿童不允许碰触脸部，不喜欢被拥抱，不喜欢洗脸、洗头，不喜欢梳头或剪发，对衣服的材质很挑剔，不喜欢赤脚走路，尤其不喜欢走在沙堆中或石子路上，对非预期的触碰很排斥，不喜欢排队，喜欢一个人独处等，这是触觉防御敏感的反应。

触觉系统中的背柱—内侧丘系神经通路与分辨性的触觉有关，对精细触觉辨识、判断压力的大小和重量，以及感知身体各部位位置和运动至关重要。这个系统的完整性对执行精细运动技能和维持良好的运动协调性非常重要。这个系统发展不足或受损会影响儿童操作物体的能力，如抓握物体、用汤匙吃饭等生活自理能力。触觉系统中的前侧系统调节疼痛、温度和皮肤刺激，通过皮肤的接收器去感受压、冷、热和其他的感觉刺激。前侧系统发展不足会影响儿童对周边环境变化的正确判断，如不能感觉到洗澡水太热，或过于敏感拒绝生活上的照顾，如不喜欢洗澡、不喜欢理发、不喜欢吃新的食物、不喜欢到新的环境等。

前庭—本体觉发展不足的儿童走路容易跌倒、撞墙，无法判断人与人之间的适当空间；对姿势动作的影响是常常弯腰驼背、无精打采、吞咽困难。

视觉、前庭觉及本体觉发展不协调也会导致儿童晕车、坐旋转木马眩晕等。

二、对学习能力发展的影响

儿童学习是视觉、听觉、运动多个系统和大脑认知中枢、言语中枢、额叶调控区域共同参与的复杂的神经活动过程，任何一项能力发展不足都会影响儿童的学习状态。比如，视觉记忆发展不足的儿童无法立即认出段落中经常出现的字，抄写时常常看一眼写一笔，学习效率事倍功半。儿童若视觉分辨能力发展不足，无法辨认相似物品的不同之处，空间分辨能力发展不足经常出现偏旁部首写反，12 和 21、6 和 9 不分，动作不协调，经常迷路等。

听觉异常的儿童会经常忘记别人说过的话，无法遵照成人的指令，很容易分心，集中注意力时间较短，在嘈杂的环境中容易感到不安，上课时常常发呆、走神，左耳朵进右耳朵出；做事效率低，写作业拖拉等。

三、对心理健康的影响

感觉统合能力发展不足引发的异常行为，使儿童易在日常生活中受到成人不合理的责罚或同伴的嘲笑和捉弄，产生心理阴影，充满挫折感和无助感，丧失自信心并自我孤立，给儿童的学习和生活带来持续的负面影响，使儿童不能积极地面对各种挑战。

触觉系统发展不足与儿童的情绪状态有关。当儿童沮丧或遇到挫折时照顾者不能及时给予拥抱、倾听等抚慰，就会使儿童感到被冷落、认为自己不重要。

在早期家庭养育中，照顾者如果对儿童缺乏积极的回应，也会影响儿童的亲密感知发展和受挫耐力程度。

四、对社会交往能力的影响

（一）触觉影响儿童的人际关系和社会交往

触觉系统对儿童人际关系的发展非常重要，儿童通过触觉获得外界环境的信息并与外界产生互动。触觉接触在儿童的成长过程中是很重要的交往方式。正常新生儿顺产出生时，产道的挤压让新生儿获得初次的感觉刺激。出生后父母对新生儿身体的抚触、轻轻摇动都是最早的触觉刺激，在日常照顾中正确的喂养方式及适宜的自主运动都会促进触觉的发展。触觉发展不足的儿童在生活中不能灵敏地分辨肤觉耐受程度。被别人触摸或触碰别人时，拥抱、亲吻、洗澡、理发时，会感到不适，并拒绝这些行为。触觉防御高的儿童适应新刺激存在一定的困难，不愿意主动学习新东西，不喜欢他人触摸，对不经意的碰触敏感，甚至会反击，人际关系紧张，容易与他人发生冲突与争吵，攻击性强；不愿意去人多的地方，害怕拥挤，拒绝排队，时时与他人保持距离，常陷入孤独中，胆小害羞，缺乏自信。

（二）前庭功能发展不足影响儿童情绪行为及社会交往

前庭刺激是儿童情绪行为产生的生理基础。奔跑活动使儿童愉悦和兴奋，哭闹的婴儿被抱起轻轻晃动会变得安静，儿童喜欢走马路沿、喜欢转圈，这些都是在寻求失衡刺激。前庭功能发展不足的儿童在同伴交往中不自信，不合群，容易生气或兴奋过度等。

（三）听觉系统发展不足影响社会功能与参与度

及时的回应是社会交往的基本礼貌要求。听觉系统发展不足的儿童无法遵从成人的指示做出动作，常常忘记老师布置的作业，不喜欢和同龄伙伴玩耍，喜欢与低龄儿童一起玩等。

小贴士

儿童感觉统合训练师

2022 年 7 月 12 日，人力资源社会保障部发布的《中华人民共和国职业分类大典（2022 年版）》将职业划分为 8 个大类、79 个中类、449 个小类、1636 个细类（职业）、2967 个工种。第四大类是社会生产服务和生活服务人员。其中，4-14（GBM 41400）是健康、体育和休闲服务人员，4-14-02-02 健康管理师的职业定义是从事个体或群体健康状况监测、分析、评估，以及健康咨询指导和健康危险因素干预等工作的人员。

主要工作任务：

（1）采集和管理个人或群体的健康信息；

（2）运用健康风险识别和风险分析等方法，评估个人或群体的健康危害和疾病发生的风险；

（3）对需求者进行个人或群体的健康咨询与指导；

（4）制订个体或群体的健康促进和非医疗性疾病管理计划；

（5）对个人或群体进行健康维护和非医疗性疾病管理；

（6）对个体或群体进行健康教育和适宜技术推广；

（7）进行健康管理技术的研究、开发与推广；

（8）进行健康管理技术应用的成效评估。

本职业包含但不限于下列工种：

儿童感觉统合训练师

儿童发育指导师

小 结

感觉统合作为一个相对完整的理论体系，在儿童早期发展领域起到越来越重要的作用，是婴幼儿托育、早期教育、学前教育、特殊儿童教育训练以及家庭教育中不可或缺的重要内容。本章主要介绍了感觉统合的概念和相关的感觉系统、感觉统合的发展历程以及感觉统合能力对儿童早期发展的影响。

通过学习本章，我们可以初步了解感觉统合的概念、感觉统合的发展历程以及感觉统合能力发展不足对儿童生活能力、学习能力、心理及社会交往等方面的影响，为后续的感觉统合基础知识、训练与游戏学习开启探寻之路。

关键术语

感觉统合　视觉　听觉　本体觉　前庭觉　触觉

思考与练习

1. 感觉统合的基本感觉通道包括哪些？

2. 简述感觉统合的发展历程。

3. 感觉统合能力发展不足对儿童学习能力发展有哪些影响？

4. 感觉统合能力发展不足影响儿童心理发展的表现有哪些？

5. 儿童社会交往问题与感觉统合发展有什么关系？

6. 小明平日不愿意去人多的地方，害怕拥挤，胆小害羞，缺乏自信，还挑食、偏食，害怕洗澡和理发。这些行为问题从感觉统合视角如何解读？

拓展阅读

1. 张小民，陈国鹏 . 儿童感觉统合理论与实务教程 . 上海：上海教育出版社，2019.

2. 王和平 . 特殊儿童的感觉统合训练 . 2 版 . 北京：北京大学出版社，2019.

3. A.Jean Aryes. Sensory Integration Therapy. Sensory Integration and the Child. Los Angeles：Western Psychological Services，1979：135-156.

4. 罗钧令 . 感觉整合与儿童发展——理论及实用的活动与游戏 . 2 版 . 台北：心理出版社，2020.

5. 郑信雄 . 如何帮助学习困难的孩子 . 北京：九州图书出版社，1999.

6. 陈文德 . 学习困难儿童指导手册：感觉统合积极疗法 . 北京：中国少年儿童出版社，1996.

7. 李霞. 儿童感觉统合失调的矫治效果评估. 学前教育研究，2004（12）.

8. 任桂英，王玉凤，顾伯美，等. 北京市城区 1994 名学龄儿童感觉统合失调的调查报告. 中国心理卫生杂志，1995，9（2）.

9. 黄悦勤，刘宝花，王燕玲，等. 北京市城区 3～6 岁幼儿感觉统合失调的现况调查. 中国心理卫生杂志，2001，15（1）.

10. 王香云，黄超全，谭红，等. 长沙市城区 6～7 岁儿童感觉统合失调的分析. 中国妇幼保健，1999，14（9）.

11. 潘黎明，李惠和，唐剑波. 50 例感觉统合治疗的效果分析. 中国儿童保健杂志，2000，8（2）.

12. 李惠和，唐剑波. 感觉统合训练 108 例疗效分析. 中国儿童保健杂志，2005，13（2）.

13. 李哲，王莹莹，杨光. 幼儿感觉统合失调的体医融合防治体系构建——基于我国 2120 名幼儿的横断研究. 早期儿童发展，2023（1）.

第二章 感觉统合生理基础

学习目标

1. 了解神经系统的分类与功能。
2. 了解内感觉系统及在感觉统合运作中的角色。
3. 了解前庭系统的感受器及各系统的功能。
4. 了解本体运动觉系统的中枢神经路径。
5. 了解四种关节感受器的适应性、阈值及作用。
6. 了解不同类别触觉的感受器及其适应类型。
7. 了解听觉传输系统。
8. 了解视锥细胞与视杆细胞的功能差异，以及初级视觉皮质区信息输出的渠道。
9. 了解嗅觉系统的功能。
10. 了解味觉的神经传导通路及所对应的味觉任务。

思维导图

- 第二章 感觉统合生理基础
  - 第一节 神经生理学概论
    - 一、人体结构
    - 二、神经系统
    - 三、解剖学方位术语
  - 第二节 内感觉系统
    - 一、定义
    - 二、内脏器官
    - 三、内分泌系统
    - 四、自主神经系统
    - 五、大脑皮质
  - 第三节 前庭系统
    - 一、周围前庭系统
    - 二、中枢前庭系统

- 第二章　感觉统合生理基础
  - 第四节　本体运动觉系统
    - 一、周围本体运动觉系统
    - 二、中枢本体运动觉系统
  - 第五节　触觉系统
    - 一、定义
    - 二、周围触觉接收系统
    - 三、中枢触觉传输系统
  - 第六节　听觉系统
    - 一、定义
    - 二、周围听觉接收系统
    - 三、中枢听觉传输系统
  - 第七节　视觉系统
    - 一、定义
    - 二、周围视觉接收系统
    - 三、中枢视觉传输系统
  - 第八节　嗅觉系统
    - 一、定义
    - 二、周围嗅觉接收系统
    - 三、中枢嗅觉传输系统
  - 第九节　味觉系统
    - 一、定义
    - 二、周围味觉接收系统
    - 三、中枢味觉传输系统

导　入

幼儿园大班的小美学习缓慢，小美的父母为了能让她适应即将到来的小学的学习生活，给她报名参加感觉统合训练。小美在接受感觉统合评估时尿湿了裤子。评估师告诉小美的父母：小美内感觉不成熟、触觉迟钝，在基本生活上尚无法完全自理；前庭平衡与本体运动协调不良，运动游戏方面常出状况；听知觉与视知觉反应慢，影响学习表现；嗅觉与味觉过于防卫导致挑食，影响营养摄取。

是什么原因造成小美的感觉统合能力低呢？如何发现感觉统合失调行为与生理基础的关联性？本章从神经生理学、内感觉系统、前庭系统、本体运动觉系统等方面分别阐述感觉统合能力与生理基础之间的关系。

第一节　神经生理学概论

探知儿童的感觉统合功能是否符合年龄及生理运作，应了解解剖学概念及感觉统合训练过程中身体各系统功能运作的神经生理学基础知识，正确运用感觉统合活动，并且避免不当刺激，以免造成非预期的不当后果。

神经生理学是研究神经系统的功能机理，由微观（如神经传递物质、神经感受器和离子通道等分子结构的功能）到宏观（如感觉、运动、记忆、学习、情绪和语言等高级功能）；由基本的神经元联结到综合表现（如从触觉感受器将信息上传，经脊髓、脑干、丘脑，至大脑的一般感觉皮质区，解析三级神经元所组成的神经束）。①

在介绍感觉统合八类感觉系统的生理基础之前，本节先概略介绍人体结构、神经系统及解剖学方位术语，便于读者理解后续的说明。

一、人体结构

人体由细胞、组织、器官和系统等层次架构而成，详见表 2-1。

表 2-1　人体架构

层次	说明	举例
细胞	细胞是最细小的生命单位，人体由40万亿～60万亿个细胞组成。	人体由200多种不同的细胞组成。
组织	组织由构造及功能相近的细胞组合而成，共同执行特定任务。	组织主要分四大类：神经组织、肌肉组织、结缔组织与上皮组织。
器官	器官由两种或以上，共同负起系列任务的组织构成。	人体有脑、心、肺、胃、脾、胰、肝、肾、肠、膀胱、眼、耳、鼻、骨骼、皮肤等79种器官。
系统	器官结集执行特定任务，构成系统。各系统间相辅相成，构成人体，维持身体新陈代谢。	人体有神经系统、肌肉系统、骨骼系统、循环系统、呼吸系统、消化系统、生殖系统、泌尿系统、免疫系统、内分泌系统10个系统，维持生命运作。

二、神经系统

神经系统虽然仅约占人体体重的3%，却是人体最复杂的联络和控制系统，能感知环境的变化，决定如何应对，并指示身体做出适当的反应，保护自己，以求生存。

（一）神经细胞构造

神经系统主要由特化的神经细胞（neuron，又称神经元）和神经胶质组成，以神经元为主。人脑约有860亿个神经元，神经胶质对神经元起支持、提供营养、保护等作用。

神经细胞包括细胞体和神经突两部分（如图 2-1 所示）。神经突分树突（dendrites）和轴突（axon）。树突呈树状分支，接收刺激并将冲动传向细胞体。一个神经元通常有多个树突。轴突只有一条，神经元的细胞体越大，其轴突越长。轴突离开细胞体若干距离后由神经细胞髓鞘包裹，成为神经纤维。神经纤维分为有

① Hall，J. E. & Hall，M. E.，*Guyton and Hall Textbook of Medical Physiology (14th Edition)*，Philadelphia，Elsevier，2020，pp.3-10.

髓纤维与无髓纤维两种。轴突末端为突触（synapse），释放神经递质。[1][2]

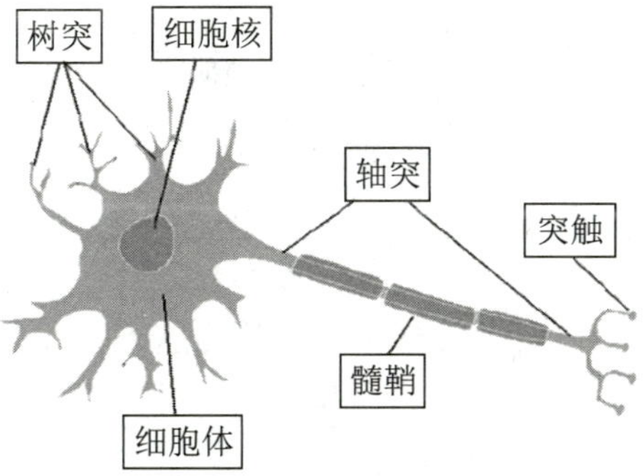

图 2-1　神经细胞

神经递质有 45 种以上，包括胆碱类、单胺类和神经肽等，负责在神经细胞之间传导神经冲动。神经元之间的连接形成了神经通路及神经网络，掌控生物体的感知与行为。

（二）神经系统分类

神经系统分为中枢神经系统和周围神经系统。人类对于体内和体外的变化，需要调节运作以保持恒定，神经系统和内分泌系统在其中扮演着重要角色。借助于复杂的神经纤维和其他细胞组织连接中枢神经系统与周围神经系统，人类才能够应对外界环境的变化，做出适当的身体反应，并且有思考、记忆、情绪变化的能力。

1. 中枢神经系统

中枢神经系统的功能是将身体传来的信息进行分析并做决定如何反应。中枢神经系统是神经系统的关键部分，犹如军队的总司令部，由脑与脊髓组成。

脑依据位置，粗略分为前脑和脑干。前脑包括大脑和间脑。大脑（cerebrum）包括额叶（frontal lobe）、顶叶（parietal lobe）、颞叶（temporal lobe）、枕叶（occipital lobe）及岛叶（insular）。间脑包括丘脑（thalamus）、下丘脑（hypothalamus）。脑干（brain stem）包括中脑、脑桥和延髓。小脑位于枕叶下，借助于脑桥与脑部衔接。详见表 2-2，参考图 2-2 至图 2-4。[3]

---

① Hall, J. E. & Hall, M. E., *Guyton and Hall Textbook of Medical (14th Edition), Physiology*. Philadelphia, Elsevier, 2020, pp.13-21.

② Bundy, A. C. & Lane S. J., *Sensory Integration: Theory and Practice (Third Edition)*, Philadelphia, F. A. Davis, 2019, pp.59-60.

③ Bundy, A. C. & Lane S. J., *Sensory Integration: Theory and Practice (Third Edition)*, Philadelphia, F. A. Davis, 2019, pp.63-64 & p.153.

表 2-2　中枢神经系统

中枢神经系统					
脊髓	脑部				
	脑干			前脑	
	后脑		中脑	间脑	大脑
	延髓	脑桥 【小脑】	中脑顶盖 大脑脚 脑盖前部	丘脑 下丘脑	额叶　顶叶 颞叶　枕叶 岛叶

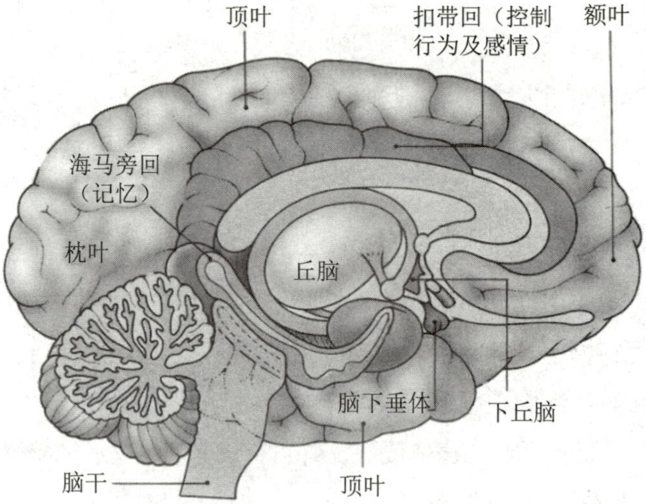

图 2-2　左脑内部剖面①

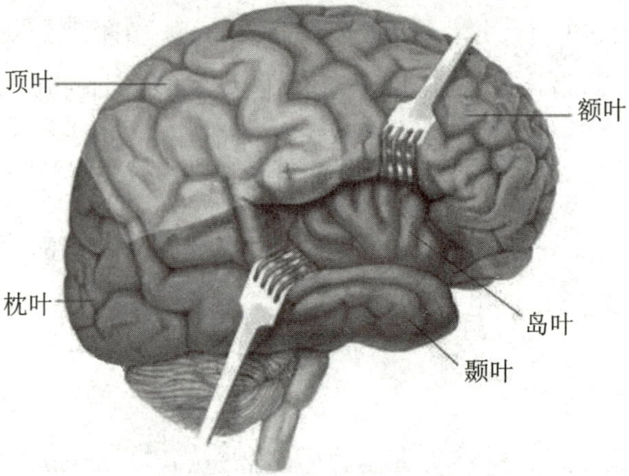

图 2-3　右脑外侧呈现的各脑叶与藏于内部的岛叶

① Bundy, A. C. & Lane S. J., *Sensory Integration : Theory and Practice (Third Edition)*, Philadelphia, F. A. Davis, 2019, p.64 & p.163.

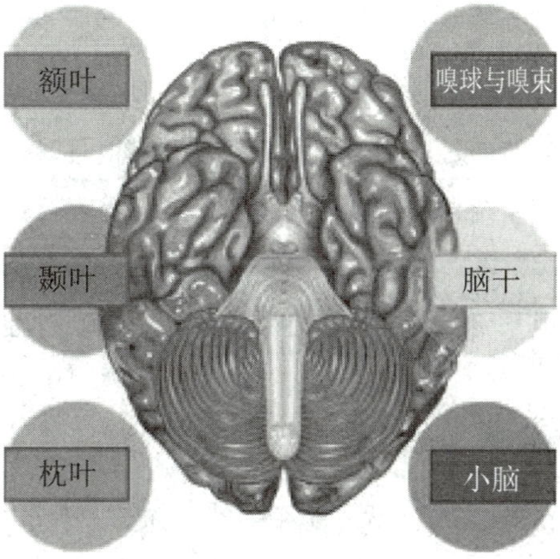

图 2-4　脑底部剖面

2. 周围神经系统

周围神经系统由长神经纤维组成，包括与脑相连的 12 对脑神经和与脊髓相连的 31 对脊神经。感觉（或传入、上行）神经将感官接收的兴奋传至中枢神经系统，运动（或传出、下行）神经将中枢神经系统的命令传至骨骼肌，使身体执行命令。周围神经系统因分布部位不同，包括三类系统（见表 2-3）。

表 2-3　周围神经系统分类及其分布区域与功能

分类	分布	功能
躯体神经系统	躯体	① 12 对脑神经直接由脑发出。第 1 及第 2 对直接入脑，其余 10 对都从脑干发出。部分脑神经属于传出神经，部分为传入神经，其余为混合神经（同时含有传出和传入神经纤维）。 ② 31 对脊神经在脊髓和身体间传递信息，均属混合神经。脊神经在脊柱的双侧——颈椎 8 对、胸椎 12 对、腰椎 5 对、骶骨 5 对和尾椎 1 对。
自律神经系统	内脏	①无法随意愿动作。 ②交感神经启动器官功能执行任务。 ③副交感神经令器官放松，渐入休息状态。
肠神经系统	消化道	控制消化道，属于不随意的动作。

（三）神经功能

神经元按照功能，分为三种：感觉神经元、联络（中间）神经元和运动神经元。详见表 2-4。[①]

① Hall, J. E. & Hall, M. E., *Guyton and Hall Textbook of Medical* (14th Edition). *Physiology*. Philadelphia, Elsevier, 2020, pp.13-21.

表 2-4　神经元的分类及其功能

分类	功能
感觉神经元	体内感受器通过周围神经系统接收感觉信息，并传输到中枢神经系统。
联络（中间）神经元	中枢神经系统对感受器传来的信息进行分类、归纳、分析、组织、统合，进而做出判断、决定，下达指令给周围神经系统。
运动神经元	周围神经系统接收来自中枢系统的指令，通过运动神经执行任务。

三、解剖学方位术语

解剖学描述神经、肌肉、骨骼、血管等名词时，习惯以方位术语强调其位置，如上方、近顶端（superior），下方、近底端（inferior），表层（superficial），深层（deep），前方 / 腹侧（anterior/ventral），后方 / 背侧（posterior/dorsal），内侧（medial），外侧（lateral），手掌（palmer），手背（dorsum of hand），脚掌面（plantar），脚背（dorsum of foot），近端（proximal），远程（distal），头端（cranial）、尾端（caudal），外层、某部位之外（external），内层、某部位之内（internal）。

第二节　内感觉系统

内感觉（interoception，或称机体觉）一词，由诺贝尔生理学或医学奖获得者英国科学家谢灵顿（C. S. Sherrington）提出。

人体内脏运作正常时，默默地保障着健康，表示身体的生理和物理状态都运作无误。当它发出信息时，提醒人们要关照身体了。对于感觉统合失调的人来说，内感觉发展迟缓或有障碍，导致出现自我意识差、难以维持身体健康以及不易适应环境等问题。内感觉过去长期被忽视，近几年才获得重视。2017 年，感觉统合界将内感觉纳入，呼吁大家从“八感”的角度去关注人的感觉统合。

一、定义

内感觉指对人体生理状态的感觉，譬如饥饿、饱足、干渴、便意、胃痛、心跳过快等内部脏器的感觉。内感觉神经通路在运动神经与自主神经通路的交接处，让人产生自身内部脏器的状态和自身状况的感觉能力，进而做出进食、喝水、如厕、休息、就医等行为，以维持身体健康运作。

内感觉系统由身体内部脏器官、免疫系统、内分泌系统、自主神经系统和大脑皮质（岛叶和感觉皮质区）组成（见图 2-5）。

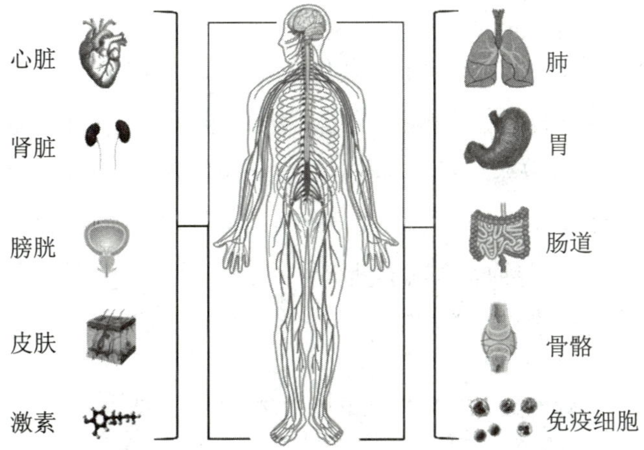

图 2-5 内感觉系统

二、内脏器官

心脏、肺、胃、肠道、肾脏、膀胱等身体内脏器官，是维持身体健康的基础。本章将皮肤与骨骼两个系统，分别以触觉系统、本体运动觉系统详加介绍。

内脏器官的感受器位于内脏壁内、腹膜、胸膜等处，把内脏的化学和物理性刺激经传入神经传向中枢，从而引起干渴、饥饿、饱足、胀气、恶心、胸闷、腹痛等内部感觉。其中，部分神经传至脑的边缘系统而出现饮水、觅食行为和各种情绪等。

一般而言，内脏感受器的适宜刺激，是体内的自然刺激（如肺的牵张、血压的升降、血液的酸度等）。由心血管、肺、消化道等组织器官的内脏感受器传入冲动，能引起多种反射活动，如打喷嚏、咳嗽等，对内脏功能的调节起着重要作用。内脏感受器的传入冲动一般不产生意识感，但传入冲动比较强烈时可引起意识，进而执行进食、饮水、如厕等。这些每天都在发生。当内感觉意识不清楚时，婴幼儿用哭闹来表达不适，而照顾者难以揣测。

随着婴幼儿年龄的增长，神经系统逐渐成熟，加上后天规律的睡眠与进食、作息、大小便训练等，内感觉意识会逐渐敏锐，对维持身体健康运作很有帮助。[①]

三、内分泌系统

人体健康仰赖内脏器官运作正常，以维持机能恒定，而负责调控体内生理功能正常运作的两大控制系统是内分泌系统和自主神经系统。

---

① Hall, J. E. & Hall, M. E., *Guyton and Hall Textbook of Medical Physiology (14th Edition)*, Philadelphia, Elsevier, 2020, pp.13-21.

内分泌系统由分泌激素（hormone）的内分泌腺，包括下丘脑、脑垂体、甲状腺、副甲状腺、肾上腺、胰脏及卵巢或睾丸等组成（详见图 2-6）。

激素属于化学传导物质，包括胰岛素、甲状腺刺激素、副甲状腺素、肾上腺素、生长素、促肾上腺皮质激素、卵泡刺激素、黄体生成素、抗利尿激素、催乳素、褪黑素等。激素由体液渗透至微血管，经循环系统送到目标器官。激素在人体中作用非常广泛，从皮肤、毛发到心脏血管、脑部、肠道、骨骼等，都会受到激素的调节。不同激素之间也会互相影响，形成错综复杂的网络，来调节生理现象和行为。

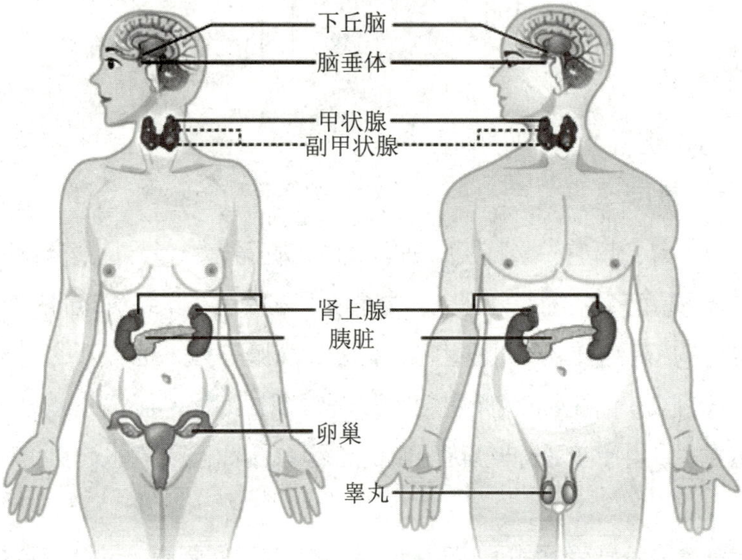

图 2-6　内分泌系统

四、自主神经系统

内脏依自主的机制运作，不像皮肤、肌肉、关节，人体可以自行控制，故内脏运动神经系统又称自主神经系统。冠名“自主”，是因为人无法靠意识控制该部分神经的活动。自主神经系统控制构成各脏器的平滑肌、心肌、腺体等组织的功能，如心跳、呼吸、血压、消化和新陈代谢等。

自主神经系统依功能分为交感神经系统和副交感神经系统，两者互相拮抗又相互协调，以维持器官正常的运作。详见表 2-5、图 2-7。

表 2-5　交感神经系统和副交感神经系统的功能与作用对照

系统	功能	作用
交感神经系统	调动身体的资源来应对环境中的压力	心跳加速、血压上升、呼吸变快、体温升高，以及警觉提高

续表

系统	功能	作用
副交感神经系统	人体休眠时负责补充、修复身体	心跳减缓、血压下降、呼吸减缓、体温降低，以及睡眠机制启动

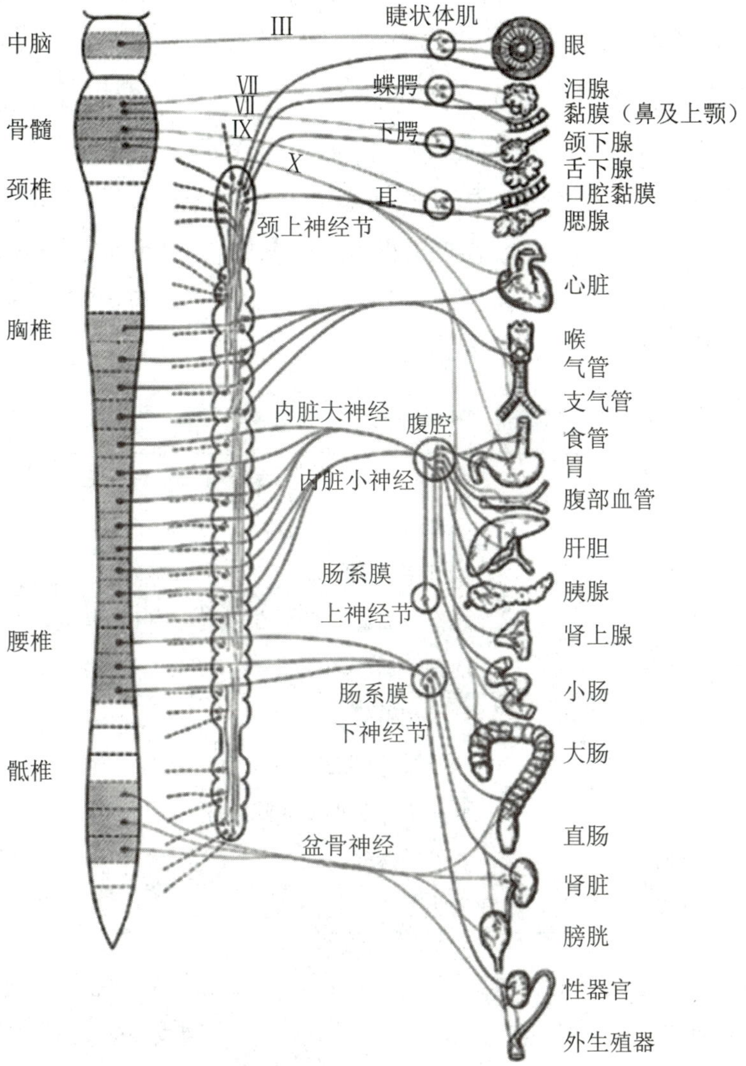

图 2-7　自主神经系统

正常情况下，交感神经与副交感神经前后发挥作用，达到平衡。例如，交感神经促使心跳加速一小段时间后，副交感神经接着作用使心跳减缓，让心脏能获得休息。两者间的协调失去平衡称为自主神经失调。长期的自主神经失调则可能影响生活与情绪，并导致器官功能受损。

五、大脑皮质

大脑皮质岛叶的功能在于监测人体对食物等物质的渴望，并协助将这些渴望化为获得满足的行动。

内脏感觉神经纤维的数目，比一般体表感觉神经纤维的数目少。平时人体几乎处于无感觉状态，但有时出现压迫感、胸闷等模糊的感觉，进而产生内脏痛，如胃痛、肠绞痛等。内脏感觉神经混在交感神经和副交感神经中，传入冲动沿这些神经从后根进入脊髓或沿脑神经进入脑干，引起相应的反射活动。内脏传入冲动还可以进一步经丘脑，上行到大脑皮层及边缘系统，再通过下丘脑等，调节内脏的活动。

至于内脏的运作，很多内脏器官内没有痛觉神经，如肝脏、肾脏、肺脏、心脏等，但是当内脏发炎、感染、肿胀、出血或积水等严重异常时，脏器的异常状态会反映到体表，即转移痛（referred pain，或称关联痛），这样将痛觉信息经由脊髓传至大脑感觉皮质，产生痛觉。详见表 2-6。

表 2-6　内脏问题转移痛的表现位置

内脏问题	转移痛的表现位置
心脏	左手臂痛、胸口痛
肺脏	颈部与肩膀疼痛
肝脏	颈部、右侧肋骨下方疼痛
胃、胰脏	前腰、后腰痛
小肠	肚脐位置疼痛
大肠、阑尾	中下腹部疼痛
肾脏	肚脐下方延伸至大腿疼痛
膀胱	骨盆腔疼痛
卵巢	下腹部左右两侧疼痛

内感觉中枢位于后岛叶，对身体感觉，如饥饿、口渴、渴望空气、内脏感觉、血管舒缩活动等可产生清晰的感知。对内感觉赋予主观的情绪意识则主要在右前岛叶。

岛叶和前扣带回皮质两个系统在休息状态下是相互连接的。证据显示，岛叶和前扣带回皮质可将内感觉信息与情感特质统合起来，形成身体的主观表现。前扣带回皮质还参与环境监测、反应、选择和身体定向。人对幸福感、精力和压力的感知，是以身体的生理和物理状况感觉为基础的。[①] 当内脏器官运作不正常时，内感觉会

① Bundy，A. C. & Lane，S. J.，*Sensory Integration：Theory and Practice (Third Edition)*，Philadelphia，F.A. Davis，2019，pp.82-84.

发出信息让机体知道，适当响应，令内脏再度恢复恒定。当感觉统合运作不正常时，内脏也可能出现反常现象，需分出因果。因此，感觉统合训练不得过度刺激，若过度刺激可能使内脏不舒服，如头痛、头晕、恶心、呕吐、肚子痛等。

第三节　前庭系统

前庭系统（vestibular system）指通过位于头部的前庭感受器，侦测线性加速度和曲线角加速度，了解身体在三维空间位置和动作关系中平衡与否的感觉神经系统。在神经解剖学和功能上，前庭系统是由周围前庭系统与中枢前庭系统组成的。

一、周围前庭系统

（一）周围前庭感受器

1. 椭圆囊及球囊

椭圆囊及球囊的囊壁上，各有斑块，叫椭圆囊斑及球囊斑。椭圆囊斑与球囊斑合称位觉斑。椭圆囊斑侦测水平加 / 减速度，球囊斑侦测垂直加 / 减速度。

斑块由已分化的神经上皮细胞组成，包含夹在支持细胞之间的毛细胞。毛细胞是感受器，它的顶端有一根动纤毛及多根立体纤毛。浮动在毛细胞上面的是胶状糖蛋白质，即耳石膜；膜上堆覆着碳酸钙结晶体，即耳石。当立体纤毛往动纤毛方向弯曲时，细胞膜受到挤压，引起毛细胞的去极化。前庭耳蜗感觉神经元受到刺激，产生动作电位，在突触处将电能转化成化学能。[①]

2. 半规管

在内耳，前庭的上方有三条互成直角的半规管（前、后、外），可侦测头部在三维空间中的角加 / 减速度的速率及方向的变化。每个半规管末端膨大处叫壶腹（ampulla），里面充满淋巴液。壶内有半规管的接收器，叫作壶腹嵴，内有毛细胞接收器。这些接收器被包埋于透明胶状物质形成的壶腹帽（cupula，或称盖膜）之内。壶腹帽中无耳石，它覆盖在壶腹嵴上，内含毛细胞，向上延伸而靠近壶腹顶。当头部前倾 30° 时，水平半规管排列于水平面上；当头前倾 45° 时，前半规管呈现垂直的状态，与对侧的前半规管是平行的。

当头部移动（加速）时，惯性会使内淋巴液的流动比头部移动来得迟。此结果

---

① Bundy，A. C. & Lane S. J.，*Sensory Integration：Theory and Practice (Third Edition)*，Philadelphia，F.A. Davis，2019，pp.84-86.

便使压力作用于壶腹帽，而产生与头部方向相反的移动。顶的移动导致毛细胞弯曲。此种机械性的弯曲便会启动传导的过程。即在持续的头部运动中，壶腹帽和毛细胞会达到一个新的平衡状态，不再产生新的信号。

当头部稳定持续运动时，半规管感受器会回到基本的激发速率。当头部的运动减速或停止时，惯性又再度作用于内淋巴液，使内淋巴液继续在半规管内与头部运动方向保持一致地流动，压力再度作用于顶部，使毛细胞朝头部运动方向弯曲，接着改变前庭神经的传导及活动，在停止头部运动几秒之后，壶腹帽及毛细胞会回到正常的休息状态。

当头部在相同平面上旋转时，在每一对半规管中的毛细胞受到最大的刺激，它们能侦测头部在三维空间中三个直角平面的运动，如点头作用在前半规管，车轮转作用在后半规管，溜冰旋转作用在外半规管。对半规管而言，有效的刺激是至少每秒 2° 的有角度的、瞬间及高频快速的头部运动。当头部是以较慢速度运动时，内淋巴液、顶帽及毛细胞将以相同的速度移动。[①] 参考图 2-8 及图 2-9。

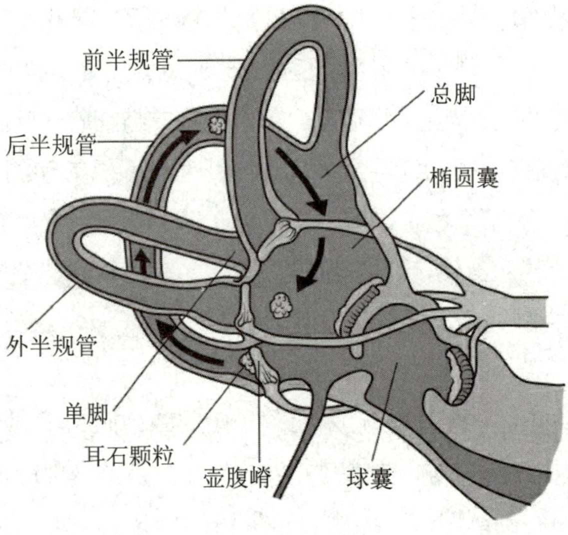

图 2-8　前庭接收器

（二）前庭神经

周围前庭系统接收的信息，经前庭神经的纤维从内耳的前庭部分进入延脑。延脑是前庭信息处理的关键区域之一，但前庭信息也被传递到小脑和大脑（包括大脑皮层）的其他区域进一步处理，以协调身体的平衡和空间定位。位置觉（位置感觉）和变速觉（运动感觉）主要通过本体感觉系统传递。本体感觉信息通常由身体的肌肉、

① Bundy，A. C. & Lane S. J.，*Sensory Integration :Theory and Practice (Third Edition)*，Philadelphia，F.A. Davis，2019，pp.86-88.

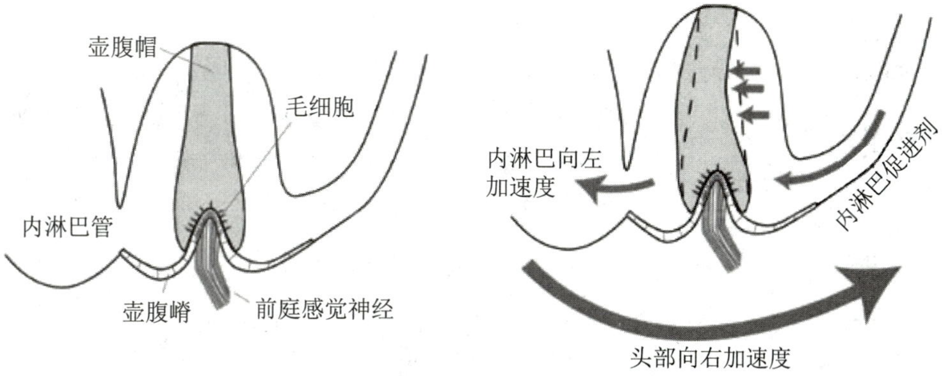

图 2-9　头部加速度引发内淋巴管内的毛细胞朝反方

肌腱和关节感受器收集，并通过脊髓和脑干上传到大脑。前庭信息的传递涉及脊髓小脑束（spinocerebellar tract）、前庭脊髓束（vestibulospinal tract）和前庭丘脑束（vestibulerthalamic tract）。这些神经束传递关于身体位置和运动的信息，以维持身体平衡。

二、中枢前庭系统

（一）延脑与脑桥

前庭神经纤维从内耳的前庭部分进入延脑。前庭系统大部分的作用发生在此。前庭神经核是聚集在脑干的延脑和脑桥的大脑神经核，左右两侧各四个——前庭上核、前庭内侧核、前庭外侧核与前庭下核，其位置详见表 2-7。

表 2-7　前庭神经核的名称与位置

前庭神经核	位置
前庭上核	第四脑室外侧角
前庭内侧核	第四脑室底下方
前庭外侧核	延脑上侧
前庭下核	延脑下侧

前庭脊髓束为下行纤维，由内侧和外侧通路组成，分为前庭脊髓内侧束与前庭脊髓外侧束，其功能为保护头部和身体免受冲击，并稳定身体的重心，做出平衡反射，详见表 2-8、图 2-10。

表 2-8　前庭脊髓束的分类、接收起点、道路终点及引发动作一览表

名称	接收	起点	通路	终点	引发动作
前庭脊髓内侧束	球囊、半规管的输入	前庭内侧核	同侧对侧	颈椎节段	支撑颈肌（抬头与跌倒的方向相反）

续表

名称	接收	起点	通路	终点	引发动作
前庭脊髓外侧束	大多数神经元接收眼球输入	前庭外侧核前庭下核	同侧	前角（Ⅶ至Ⅸ层 α 和 γ 运动神经元及中间神经元）	在脊髓，协调四肢伸肌、腰肌，引发前庭结肠反射

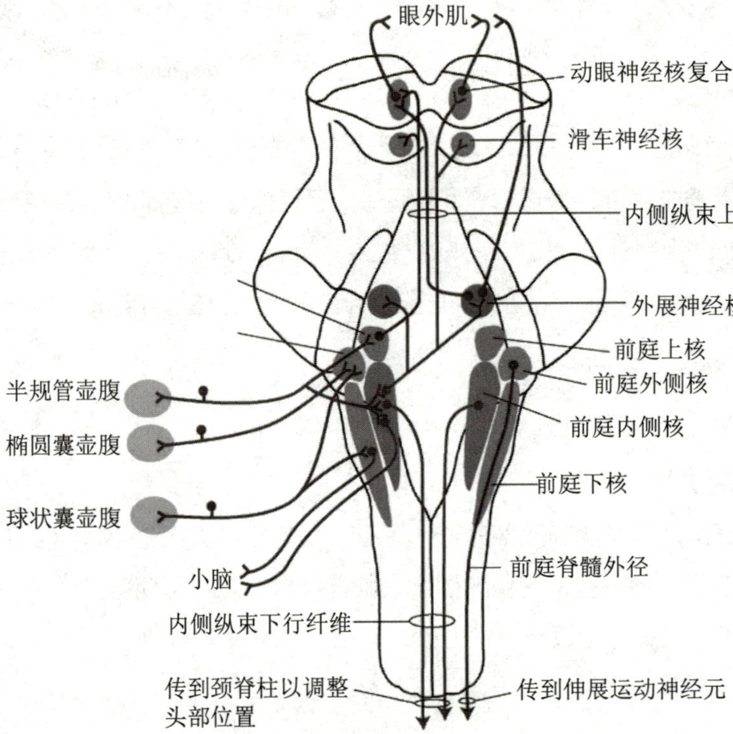

图 2-10　前庭接收信息

（二）小脑

小脑绒球小结叶（flocculonodular lobe）专门处理周围前庭系统的信息，进行记录、分析和传送，所以小脑是控制平衡的非常重要的器官。一旦周围或中枢的指令有问题，小脑负责调节指令，以代偿原先损失的功能。

（三）中脑

前庭神经核经内侧纵束（medial longitudinal fasciculus）与动眼神经核相接。此处与动眼神经、滑车神经及外展神经连接。当这些纤维到达神经核时，纤维的走向有交叉到对侧与不交叉两种。当头部及身体移动时，这些联结可固定眼球，以确保视觉影像稳定。此眼球动作称“代偿”，与前庭系统所察觉的头部动作方向是相反的。当头部没有移动时，眼球是不动的。然而伴随着头部的移动，前庭动眼反射启动，以确保即使当头部及身体移动时，视野仍可保持稳定。参考图 2-10。

（四）丘脑

两侧的前庭联系投射至丘脑尾侧腹核（VPL），并且至丘脑的外侧神经核，VPL接收来自本体觉的输入，此处是本体觉与前庭输入交互作用的解剖区域。VPL与外侧核的纤维会投射至中央沟底部前壁（3a区）以及中央后回的底部（2v区）。其中，3a区是初级运动皮层（M1）的一部分，参与运动感觉处理；2v区（顶叶的一个区域）更多地参与本体感觉和前庭感觉的统合。此处的神经元不仅接收来自前庭的输入，也接收来自视觉及本体觉的输入。这种多模态整合对运动控制、空间定向和平衡维持至关重要，该区与动作知觉及空间知觉有关。[①]

（五）前庭系统

在中枢前庭系统的双侧上行和下行通路有四处交叉：3处在脑干、1处在皮质。通路交叉辅助完成前庭系统的三类感觉统合活动。

（1）在脑干/小脑水平反馈式凝视控制并调整头及身体的平衡。

（2）在皮层/皮层下水平感知自主运动，控制随意运动。

（3）更高级的前庭认知功能，包括多元感觉输入（如空间记忆和导航）等。

反馈式凝视控制和身体平衡需与自主运动和位移运动相整合。对位置和运动的感知属于高级认知功能，如专注、定向和导航。因此前庭系统在结构和功能的双侧性是感觉统合、运动反应和认知功能的关键。

小贴士

儿童的前庭觉发育

儿童的前庭觉发育从胎儿期开始，延续至整个儿童期，特别是学龄前期（4～6岁）是儿童前庭觉发育和完善的关键期。

当个体处于胚胎发育阶段时，在母亲的运动及重力的作用下，前庭系统发育不断加强，孕期母亲的适宜活动对胎儿前庭系统的发育及自然分娩有积极的作用。在胚胎发育过程中，到第4周时前庭器官开始发育；8周左右，内耳半规管大致成形；6个月时，半规管发育水平接近成人，前庭核也开始与小脑建立神经联系。

在肢体运动发展方面，到2月龄，能俯卧抬头1～2秒；翻身伸展脊柱从侧卧位到仰卧位；腰肌无力还无法坐；俯卧位时有反射性匍匐动作；两腋提起直立时，可负重；出现踏步反射和立足反射。

3月龄到4月龄，能抬头45°，较稳，能自由转动；扶坐腰背呈弧形，能竖颈。4月龄到5月龄时，较有意识地以身体为一体从侧卧位到仰卧位，但无身体转动。6月龄时，俯卧抬头90°，从仰卧位翻至俯卧位，或从俯卧位至仰卧位；靠双手支撑，坐稳片刻；站、走、跳发展表现为扶站时，双下肢可负重，并可上下跳。

---

① Bundy，A. C. & Lane S. J.，*Sensory Integration：Theory and Practice (Third Edition)*，Philadelphia，F.A. Davis，2019，pp.88-90.

7 月龄到 8 月龄，做翻身动作时有意伸展上肢（或下肢），继而躯干、下肢（或上肢），分段转动，连续从仰卧至侧卧位，再翻至仰卧位；坐稳，双手可玩玩具，但活动范围较大时身体向侧面倾斜失去平衡，发展前向保护反射。8 月龄到 9 月龄时能坐稳，背部竖直，左右转动。当活动范围较大时，双手伸出维持身体倾斜时的平衡；匍匐运动，跪爬，伸出一侧手向前取物；可以扶站片刻。

10 月龄，能熟练爬行和独站片刻，能扶物行走。

12 月龄，发展后向保护反射，个体自己爬上凳子，转身坐下；能独站片刻，能扶物行走。

18 月龄，可以独坐小凳，弯腰拾物；能跑和倒退走。

30 月龄到 3 岁，可以单足站立 1～2 秒，原地并足跳；能上下楼梯、并足跳远、单足跳。

运动系统与前庭系统相互影响，儿童早期运动能力的发展建立在前庭功能发展的基础上，同时儿童的运动能力发展又促进前庭功能的完善，两者同步进行、互相促进。

资料来源：孙开来．人类发育与遗传学．2 版．北京：科学出版社，2008：151-152。

第四节　本体运动觉系统

大自然中，水要流动才会清澈，风要吹动才会新鲜。同样地，人要活动才能获得真正的健康。维持良好的姿势，需要本体觉的回馈以调整姿势。正确的运动，需要运动觉的回馈，持续修正动作才不伤身又能达到健身的目的。

本体运动觉，是将本体觉（proprioception）与运动觉（kinesthesia）整合在一起的。

本体觉指在不依赖视觉的协助下，个体感知自己身体在空间的静态姿势（或称姿势觉）。本体觉与前庭觉密切合作，以完成平衡的任务。

运动觉指活动时不用视觉，能判断身体及四肢动作的方向、速度与变化等运动状态及其变化的感觉。日常活动，如行走、刷牙、穿衣、系鞋带等，经充分练习后熟能生巧，已稳固建立动作顺序的神经路径，以惯性执行这些任务，消耗脑部极少能量，一边执行此动作还可思考其他事情。相对地，初学习新的动作技巧，如拍球、花式扯铃等，就需要大脑全神贯注和肢体多次练习。本体运动觉系统包括周围本体运动觉系统和中枢本体运动觉系统。

一、周围本体运动觉系统

（一）本体运动觉感受器

本体运动觉感受器有三种特化的接收器，包括肌梭（muscle spindle）、高尔基腱器（Golgi tendon organ）及关节感受器（图 2-11）。本体运动觉感受器的位置较深，属于深部感觉，感受对肌肉的张力、肌肉承受的压力，以及关节伸展 / 屈曲程度，并将这些感受变化的信息转化为神经冲动，传入大脑皮质躯体运动中枢，感受到身体在空间的位置、姿势、运动的变化等。[①]

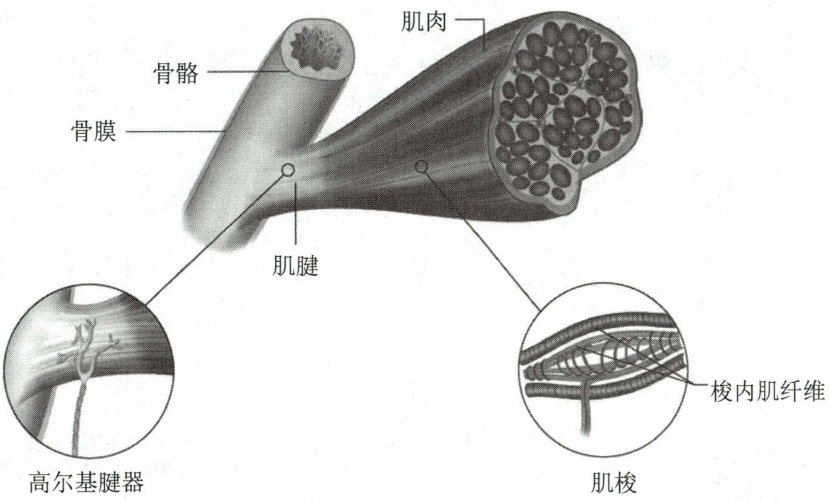

图 2-11 本体运动觉感受器

1. 肌梭

肌梭在感觉动作发展中扮演关键的角色。肌梭嵌在横纹肌的腹部，状似纺锤体的拉长、细小的本体运动感觉器，由包裹在结缔组织囊鞘内的数条特化纤维——梭内肌纤维（intrafusal fiber）组成。肌梭的外围被梭外肌纤维（extrafusal fiber）包住，以肌腱附着在骨骼上。

（1）梭内肌纤维：梭内肌的感觉神经纤维末梢侦测静态时肌肉张力和承受压力的变化，以及当肌肉被牵拉时，肌肉长度的改变，向中枢神经系统提供轴向的位置信息，从而控制精细的运动，必要时抵抗肌肉被过度牵拉的保护性反射。梭内肌的 I 型初级感觉神经末梢感应肌肉长度变化及其速度变化。梭内肌的 II 型次级感觉神经末梢侦测肌肉长度的变化，将有关姿势觉的信息传入中枢神经系统。

（2）梭外肌纤维：梭外肌构成肌肉大部分体积，是产生能量、引发骨骼肌动作的主要角色。梭外肌纤维受 α 运动神经元支配。当肌肉长度增加时，肌梭被拉伸，感觉神经的树突离子通道，感受体电位。从而触发传入的肌梭中的动作电位（参考图 2-12、图 2-13）。

① Bundy，A. C. & Lane S. J.，*Sensory Integration：Theory and Practice (Third Edition)*，Philadelphia，F.A. Davis，2019，pp.72-73.

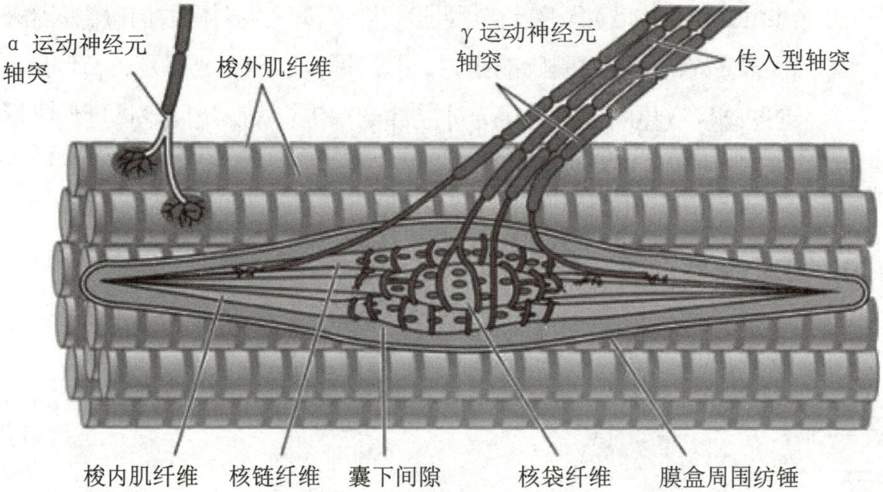

图 2-12　横纹肌的肌梭内有梭内肌（I 型与 II 型感觉神经元、γ 运动神经元）、外包梭外肌（α 运动神经元）

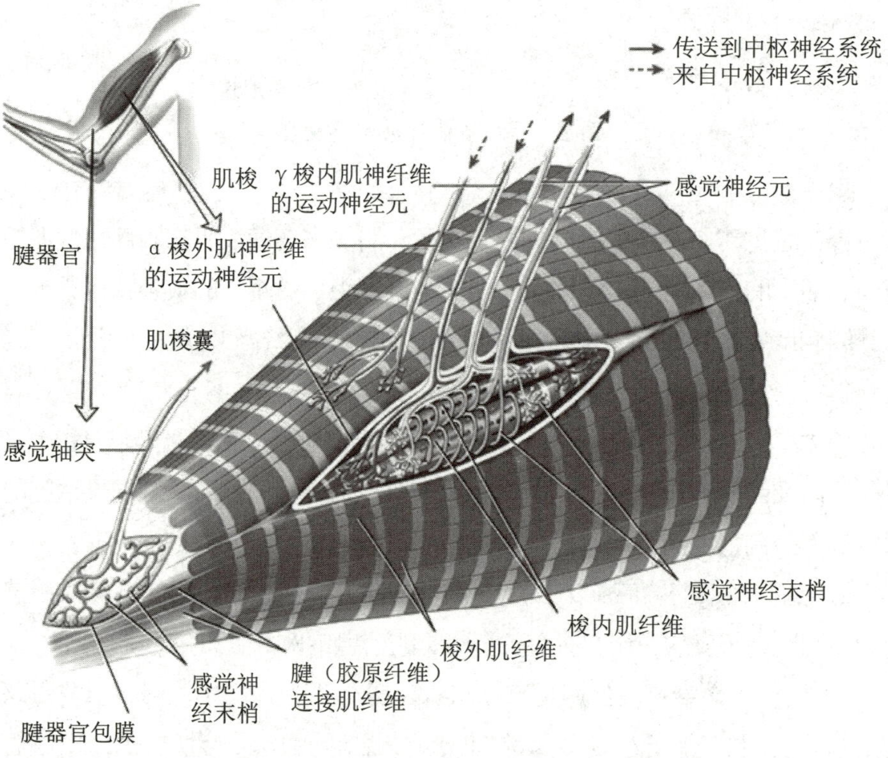

图 2-13　横纹肌的梭内肌、梭外肌、高尔肌腱器及神经传入与传出

2. 高尔基腱器

高尔基腱器是肌腱特化的拉伸感受器，由包含大量胶原纤维的囊组成（参考图 2-14、图 2-15）。肌肉的起点与终点，均以肌腱附着在骨头上。高尔基腱器位于肌肉和骨骼之间的肌腱内，串联起来。当肌肉受到负荷或阻力时，高尔基腱器被拉扯，

导致胶原纤维被挤压，由 Ib 型初级感觉神经元将肌肉产生力量的信息传入中枢神经系统。

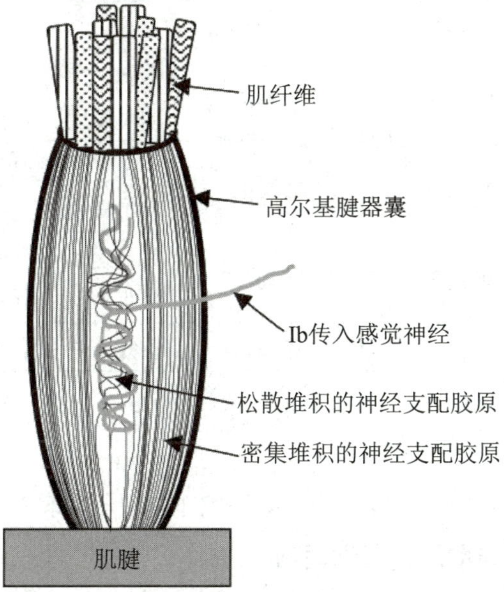

图 2-14　高尔基腱器由外到内结构

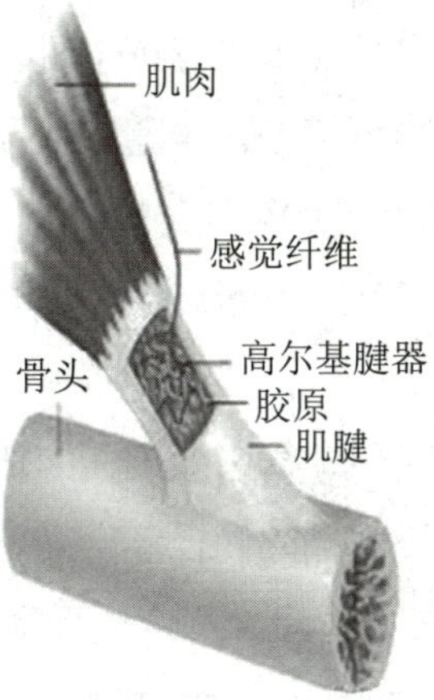

图 2-15　高尔基腱器位于肌肉和骨骼之间的肌腱内，附着在骨头上

3. 关节接收器

关节接收器指位于滑膜关节囊、韧带、骨膜及束间间隙等结缔组织中的本体运动觉感受器，有鲁菲尼小体（Ruffini corpuscle）、帕奇尼小体（Pacinian corpuscle）、高尔基腱器末梢和游离神经末梢四种。它对压力敏感，参与运动觉接收，提供中枢神经系统有关关节位置的信息。这些感受器对刺激的适应性快或慢、阈值高或低，

以及作用各有特色，详见表 2-9。[①]

表 2-9 四种关节感受器之适应性、阈值及作用一览表

感受器名称	适应：快 / 慢	阈值：高 / 低	作用
鲁菲尼小体	慢适应	低阈值	感知关节静态位置、内部压力以及运动时角度、速度和角速度的变化。
帕奇尼小体	快适应	低阈值	产生和传递关节的运动觉，并感知关节位置变化。
高尔基腱器末梢	慢适应	高阈值	关节运动至极限位置时敏感地感知韧带张力。关节静止和运动时作用不大。
游离神经末梢	—	高阈值	感知痛觉和关节痛觉。

二、中枢本体运动觉系统

中枢本体运动觉的神经传导分意识层面和非意识层面。

（一）意识层面的本体运动觉通路

意识层面的本体运动觉由三级神经元传导，通过背柱—内侧丘系神经通路，传递到大脑感觉中枢。

一级神经元为脊神经细胞，其周围突分布于肌、腱、关节等处的本体运动觉感受器，中枢突经脊神经后根的内侧部进入脊髓后索，分为长的升支和短的降支。其中第 6 胸节以下的升支走后索的内侧部，形成薄束（gracile tract）；第 6 胸节以上的升支走后索的外侧部，形成楔束（cuneate tract）。两束上行，分别止于延髓的薄束核和楔束核。[②]

二级神经元的细胞体在薄束核、楔束核内，由此二核发出的纤维向前绕过中央灰质的腹侧，在中线与对侧交叉，称内侧丘系交叉。之后纤维呈前后排列行于延髓中线两侧、锥体束的背方，再转折向上，称内侧丘系。[③]

三级神经元的细胞体在腹后外侧核，发出纤维经内囊后肢主要投射至中央后回的中、上部和中央旁小叶后部，部分纤维投射至大脑中央前回感觉皮质（参考图 2-16）。

---

① Bundy，A. C. & Lane S. J.，*Sensory Integration：Theory and Practice (Third Edition)*，Philadelphia，F.A. Davis，2019，pp.70-73.

② Hall，J. E. & Hall，M. E.，*Guyton and Hall Textbook of Medical Physiology (14th Edition)*，Philadelphia，Elsevier，2020，pp.93-100，pp.686-690.

③ Bundy，A. C. & Lane S. J.，*Sensory Integration：Theory and Practice (Third Edition)*，Philadelphia，F.A. Davis，2019，pp.73-75.

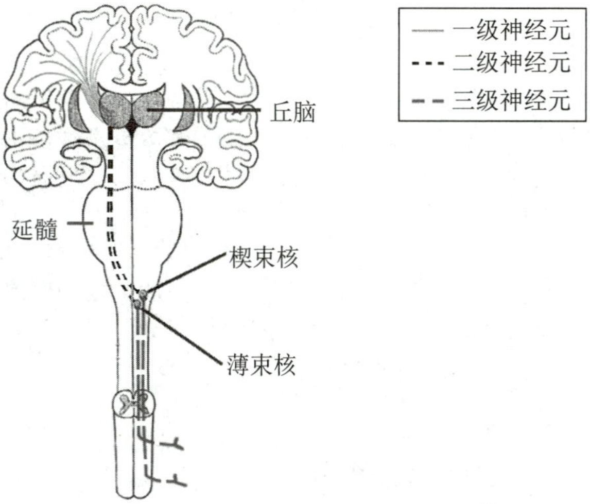

图 2-16　意识层面的本体运动觉上传通路

（二）非意识层面的本体运动觉通路

非意识层面的本体运动觉通路实际上是反射通路的上行部分，由两级神经元组成，通过脊髓传递到小脑，调节躯干、四肢的肌张力和协调运动，维持身体的平衡和姿势。

一级神经元的细胞体位于脊神经节（假单极神经元）内，其周围突分布于肌腱、关节等处的本体运动觉感受器，中枢突经脊神经后根的内侧部进入脊髓。

二级神经元，其细胞体位于脊髓 C8 ～ L3 的背核和脊髓的Ⅴ、Ⅵ、Ⅶ层，分成四条神经通道。

（1）脊髓小脑后束：下肢同侧，由背核发出的纤维在同侧外侧，形成脊髓小脑后束，经小脑下角，进入小脑皮质。

（2）脊髓小脑前束：将躯干与下肢的本体运动觉信息，通过脊髓小脑前束，首先在脊髓白质前联合交叉，往上传到小脑再度交叉，经小脑上脚进入小脑皮质。

（3）楔小脑束：传导上肢和颈部的本体运动觉，通过楔小脑束，经延髓的楔束副核同侧进入小脑皮质。

（4）腹侧脊髓小脑束：主要负责传递关于躯干和下肢的运动以及姿势调节的信息。腹侧脊髓小脑束的纤维在脊髓内首先交叉到对侧，然后上行到小脑。[①]

---

① Bundy，A. C. & Lane S. J.，*Sensory Integration：Theory and Practice (Third Edition)*，Philadelphia，F.A. Davis，2019，pp.77-78.

小贴士

本体觉的发育

个体的本体觉在胎儿中后期逐渐发展，并受个体的先天气质类型与母亲的运动量影响。作为感受个体运动状况的感觉系统，本体觉发展与个体的运动能力发展相助相长、相互影响。婴幼儿期是儿童运动及其本体觉发展的非常重要时期。本体觉的功能正常与否直接反映在个体的行为中，并对 3 ～ 6 岁学龄前及 7 ～ 12 岁学龄期的学习能力有影响，如肢体动作与其他感觉器官的协调、不同运动器官在同一系列活动中的协调、同一运动器官序列动作的衔接和过渡以及各种动作的精细度。[①]各阶段精细动作发育里程碑如表 2-10 所示。

表 2-10　精细动作发育里程碑

月龄	精细动作发育里程碑
新生儿	手握紧拳。
3 月龄	握持反射消失，注视双手，可胸前玩手，手抓拨物品。
4 月龄	欲伸手够物；当够到物品时，出现抓握动作，但仅手掌碰触与抓握，动作不超过肢体中线；全手抓握动作逐渐精细化和准确化。
5 月龄	大拇指参与握物，抓物入口探索。
6 月龄	开始单手活动，伸手活动范围可越过身体中线；开始在水平和垂直方向活动自己的双手。
7 月龄	拇指协同其他手指倾斜地捋起小物品，可不放在手掌；换手与捏、敲等探索性动作出现。
9 月龄	拇指、食指可垂直于物体表面捡起小物品。
12 月龄	伸手接触物品前，能将手定位在合适的方向；手运动精细化，手腕参与旋转；搭积木游戏，逐渐使用工具，如汤匙和铅笔等。
18 月龄	叠 2 ～ 3 块积木，拉脱手套或袜子。
2 岁	叠 6 ～ 7 块积木，一页一页地翻书，拿住杯子喝水，模仿画垂直线和圆。
3 ～ 4 岁	使用工具性玩具，如拧瓶盖、玩泥胶等。

第五节　触觉系统

人的经验是通过触觉经验交织而成的。新生儿用嘴唇探索乳头，吸吮到维系生命的乳汁；婴幼儿孤独无助时，在找寻到亲人前，用力吸吮手指或奶嘴以自我安抚；父母第一次拥抱新生儿，颤抖地亲吻新生儿的肌肤。这些触觉与心理相通。

---

① 王和平:《特殊儿童的感觉统合训练》(第二版)，31 ～ 32 页，北京，北京大学出版社，2019。

一、定义

触觉（tactile sensation）是皮肤体表受到压力、牵引力等机械作用时相应感受器引起的肤觉。皮肤包覆在人体的外围，是人体最大的器官，是界定自己身体与外在世界的边界。个体通过皮肤解读外界环境的痛觉、压觉、温度觉、轻触感、粗略触觉、振动觉、双触感辨识（two-point discrimination）等信息。

从神经解剖学来看，触觉与本体运动觉的神经传输路径一致，故又合称身体感觉（somatosensory），在运作上两者相辅相成。对于视觉障碍者，或个体处在光线不足、视觉难以发挥的环境下，触觉可补充信息，协助大脑判断。

触觉系统源自胚胎的外胚层。个体长大后触觉牵引着全身的周边神经，不像听觉、视觉有其特定范围。在个体发展的过程中，触觉系统接受外界的触摸、按压等皮肤的刺激，可以说是个体探索环境的重要媒介。它不但影响情绪的平衡，还配合前庭平衡觉及本体运动觉，为个体的动作和认知功能的发展奠定基础。触觉刺激是帮助个体与外界环境互动、协助个体拥有良好人际关系的主要媒介。

二、周围触觉接收系统

皮肤构造分为三层：第一层为最薄的表皮层，由死细胞紧密堆成，防止外物的入侵；第二层为真皮层，厚度是表皮的 10 ～ 40 倍，随着年龄增长逐渐变薄；第三层为以脂肪为主的皮下组织，有保温、防护骨骼与内脏的功能，像安全气囊的防震效果。

（一）触觉感受器

触觉感受器位于皮肤内，包括游离神经末梢（free nerve ending）、迈斯纳小体（Meissner corpuscle）、梅克尔细胞（Merkel cell）、克劳泽终球（Krause end bulb）和帕奇尼小体。前三种触觉感受器在真皮层，帕奇尼小体埋在皮下组织。详见表 2-11、参考图 2-17。①

表 2-11　各种触觉感受器的感觉形式与位置

触觉感受器	感觉形式	位置	
游离神经末梢	以痛觉为主 粗略触觉 压觉 冷、热觉	无髓鞘神经末梢	感受器在表皮（受伤释放致痛性物质产生痛觉）

① Bundy, A. C. & Lane S. J., *Sensory Integration: Theory and Practice (Third Edition)*, Philadelphia, F.A. Davis, 2019, pp.69-71, pp.75-81.

续表

触觉感受器	感觉形式	位置	
迈斯纳小体	双触点辨识(精细触辨) 轻触(蚂蚁爬、风吹) 负责接收 10 ~ 50 赫兹低频率振动 压觉 属快速适应	位于真皮的乳头层，由皮肤神经末梢组成，包括髓鞘神经，是胶状物质，像硅胶垫	位于无毛皮肤，如指尖、眼皮
梅克尔细胞	以轻触感为主 触觉(拿筷子、笔) 压觉(不灵敏) 为慢速适应	无髓鞘神经 像吸盘在表皮基底层	位于有毛或无毛皮肤上层，执行复杂任务，包括社交互动、环境探索和触觉辨别
克劳泽终球	冷觉 压觉	真皮	眼结膜、唇、舌、生殖器黏膜
帕奇尼小体	深度压觉 高频率振动觉 属快速适应	真皮的网状层，多层次像洋葱一样包住，埋在皮下组织； 最大的被囊神经末梢，肉眼可见呈现大而平的叠盘状	皮肤 胰脏 任何压力变化和振动均打开轴突膜的钠离子通道产生动作电位

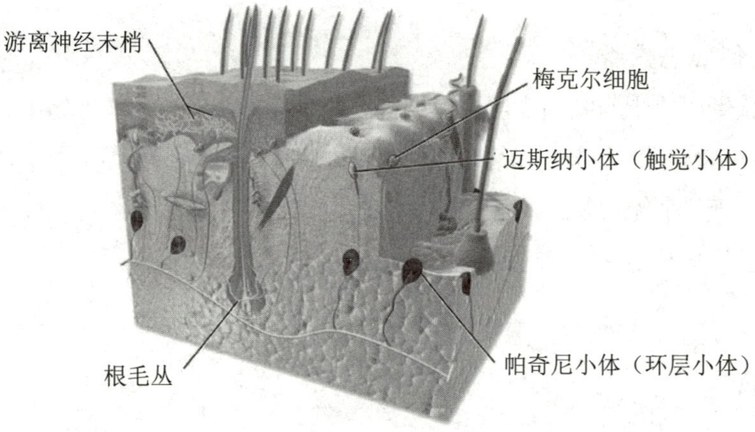

图 2-17　触觉感受器

（二）不同类别触觉的感受器

不同类别触觉的感受器、位置及适应类型详见表 2-12。

表 2-12 不同类别触觉的感受器、位置及适应类型一览表

类别	感受器	位置	适应类型
精细触辨	迈斯纳小体	位于皮肤真皮乳突部，分布于指尖、手掌、脚掌，在眼皮、舌尖、嘴唇、乳头也有分布	快适应型
	梅克尔细胞	紧密依附在深层上皮细胞之间，分布情形与迈斯纳小体一样	慢适应型
	游离神经末梢	没有被保护性结构包住，也是触感感受器，分布在全身皮肤内	—
痛觉	游离神经末梢	全身各部位的组织中 深层躯体痛觉 内脏痛觉	适应性很小或无
压觉	游离神经末梢	真皮中	—
	帕奇尼小体	皮下组织、黏膜下深层皮下组织、浆膜、关节、肌腱四周	慢适应型
振动觉	迈斯纳小体	接受低频率振动	—
	帕奇尼小体	接受高频率振动	—
温度觉	游离神经末梢	在真皮中	慢适应型

三、中枢触觉传输系统

（一）精细触辨、两点区辨和振动觉

精细触辨、两点区辨和振动觉三类触觉，与本体运动觉相同，经三级神经元，通过后柱通路（posterior column pathway）传导。

（1）一级神经元联络感受器与脊髓，以及同侧的延脑。一级神经元的细胞体位于脊神经的后根神经节，与二级神经元形成突触。

（2）二级神经元细胞体位于延脑的楔束核和薄束核，其轴突交叉到延脑的对侧，经由内侧丘系，与三级神经元在丘脑的腹侧后核（ventral posterior nucleus）形成突触。

（3）三级神经元从丘脑的腹侧后核往上传到大脑皮质的一般感觉区。

（二）粗略触觉和压觉

脊髓丘脑前束传导粗略触觉和压觉这两类触觉。

（1）脊髓丘脑束的一级神经元将神经冲动由感受器传到同侧的脊髓灰质后角，在此与二级神经元形成突触。脊髓丘脑前束主要传导的是粗糙触觉、温度觉和痛觉等感觉。

（2）二级神经元的轴突交叉到脊髓对侧，变成白质前柱中脊髓丘脑前束的一部分。二级神经元在前述中向上走，穿过脑干到达视丘的腹侧后外核，在此与三级神经元形成突触。

（3）三级神经元将神经冲动传到大脑皮质的一般感觉区。

（三）痛觉和温度觉

脊髓丘脑侧束传导痛觉和温度觉这两类触觉。

（1）脊髓丘脑束外侧通路的一级神经元将痛刺激与温度刺激引起的神经冲动，由感受器传到脊髓的同侧灰质后角，与二级神经元形成突触。

（2）二级神经元的轴突交叉到脊髓对侧，形成白质外侧柱中的脊髓丘脑外侧束的一部分。二级神经元在外侧束中向上穿过脑干，到达视丘的腹侧后外核，在此与三级神经元形成突触。

（3）三级神经元将神经冲动传到大脑皮质的一般感觉区，参考图 2-18。

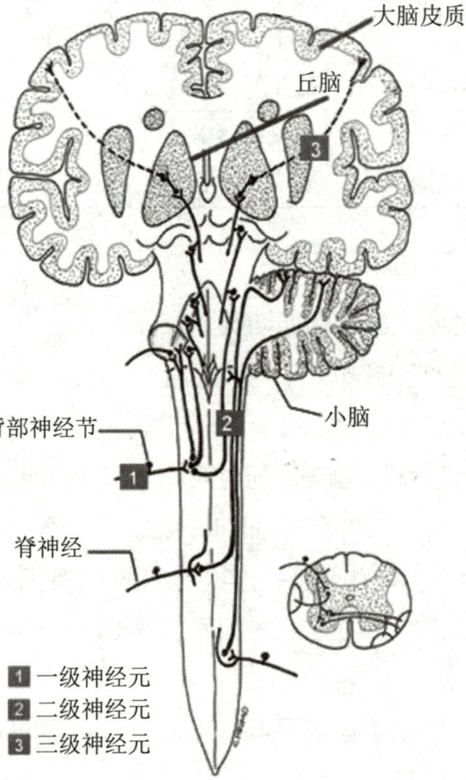

图 2-18　三级神经元将神经冲动传到大脑皮质的一般感觉区[①]

① Bundy, A. C. & Lane S. J., *Sensory Integration: Theory and Practice*, Philadelphia, F.A. Davis, 2019, pp. 73-77.

小贴士

婴幼儿的触觉发育

触觉与神经系统在胚胎发育中源于外胚层。在胚胎发育的第 7 周时口周围有触觉感受器，是个体感觉系统中最先发育的，在第 11 周时手和脚出现触觉感受器，在第 20 周时感受器遍及全身皮肤。从外周到大脑皮层的感觉通路直到胚胎发育的第 29 周才形成，晚于皮肤感受器的形成。①

新生儿的触觉发育较成熟，尤其在眼、前额、口周、手掌、足底等部位有高度敏感性，前臂、大腿、躯干的触觉较迟钝。

婴儿的口周神经末梢多于指尖，感触物品的灵敏度最高，多为探索周围的环境。小于 6 月龄的婴儿常常将东西放在口中感触。当婴儿手的动作发展后，用嘴唇感受周围环境的机会减少。爬行促进婴儿手皮肤的触觉发育。

触觉是儿童早期认识、探索世界和自我形象的主要途径。

第六节 听觉系统

听觉是最早成熟、最晚离开身体的感觉神经系统。人是群居动物，离开人群难以独自生活，所以沟通是非常重要的能力，具备完整的听觉能力，是学习语言的必要条件。

一、定义

听觉系统是接收听觉信息的感觉神经系统，由听觉感官、周围听觉接收系统及中枢听觉传输系统组成。

听觉感官指的是外耳和中耳，包括耳廓、外耳道、鼓膜和中耳的听小骨（锤骨、砧骨和镫骨）。外耳收集声波并将声波传到鼓膜，鼓膜振动使听骨运动，从而将声波转换成机械振动。

周围听觉接收系统包括内耳的耳蜗，将机械振动转换为神经信号。耳蜗内的毛细胞是感觉受体，对声波的振动非常敏感，并能将这些振动转换成电信号。

中枢听觉传输系统包括延脑、中脑、丘脑和大脑皮质等，它将神经信号随后传递到大脑，特别是听觉通路上的各个神经核团，包括脑干的耳蜗核、上橄榄核、外侧膝状体、内侧膝状体和下丘脑，最后达到大脑皮层的听觉区域，如颞叶的初级听觉皮层。这些区域处理并解释听觉信息。

① 蔡文琴：《发育神经生物学》，496 ～ 497 页，北京，科学技术出版社，2007。

二、周围听觉接收系统

周围听觉接收系统包括听觉感官——耳朵，以及传输听觉信息的耳蜗神经。

（一）耳朵

1. 耳廓

位于头部两侧的耳壳称耳廓，形状前凹后凸，有利于汇聚声波。声波以空气振动的方式收集于耳廓。

2. 外耳道

声波从外耳道往内传递，健康的年轻人能在 20 ～ 20 000 赫兹的频率范围内听到声音。人对 2 000 ～ 4 000 赫兹的频率最敏锐，这是说话的频率范围。

3. 中耳

中耳结构包括鼓膜、鼓室和听小骨。鼓膜（或称耳膜）位于外耳道的末端、中耳的起点。外耳道传来的声波碰到鼓膜，信息通过听小骨——锤骨、砧骨和镫骨，在充满空气的鼓室中传送。听小骨扮演杠杆和电报交换器的角色，把低压的鼓膜声音振动转换成高压声音振动。另一个更小的薄膜叫卵圆窗膜，经听骨链的声音被放大 20 倍。中耳肌肉的听觉反射帮助保护内耳免于受损。

由于中耳的听小骨附着于鼓膜上，可将鼓膜传来的震动传到内耳，引起内耳外淋巴流动。来自空气中的声音能量，被有效地转换至充满液体的内耳，也就是螺旋器所在的耳蜗。

4. 内耳

内耳的核心结构是骨迷路，包含耳蜗和前庭系统。耳蜗由三个充满淋巴液的空腔组成，基底膜隔开了其中两个空腔。其中一个空腔叫耳蜗管，包含内淋巴及螺旋器；另一个空腔形成感觉上皮，纵长向下至整个耳蜗。耳蜗内部的液体由于压力振动可产生波动，螺旋器内的毛细胞把液体波动变换成神经信号，听神经通路于此处开始。详见图 2-19。[①②]

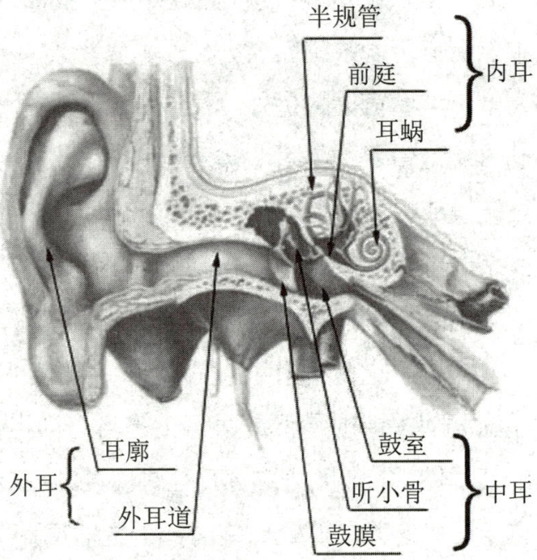

图 2–19　人耳的结构

---

① Standring，S.，*Gray's Anatomy*，London，Elsevier，2015，pp.624-660.

② Hall，J. E. & Hall，M. E.，*Guyton and Hall Textbook of Medical (14th Edition)*，*Physiology*. Philadelphia，Elsevier，2020，pp.3-10 & pp.675-682.

（二）耳蜗神经

螺旋器位于耳蜗管的基底膜上，是耳蜗的核心，由许多支持细胞及毛细胞组成。毛细胞分为内毛细胞和外毛细胞两种类型。毛细胞有听觉感受器，从耳蜗底端至顶端呈平行排列。内毛细胞排列成单列，位于基底膜的近中心部位；外毛细胞排列成三列，位于基底膜的远离中心的部位。①

内耳的耳蜗轴内有螺旋神经节（spiral ganglion），在早期发育时与前庭神经节由同一神经节分裂而来，是听觉神经纤维的细胞体聚集处。螺旋神经元是听觉一级神经元，首先传递听觉神经冲动。它是双极神经元，可支配螺旋器内的毛细胞。

三、中枢听觉传输系统

（一）延脑

螺旋神经元的轴突形成耳蜗神经（前庭耳蜗神经的一个分支，或称听神经），延伸至延脑的耳蜗核，是中枢听觉传输系统对听觉信息处理的起点。在耳蜗核发出二级神经元，传入纤维一部分终止于同侧上橄榄核，大部分交叉到对侧的橄榄体。上橄榄核是同时接收两耳的神经纤维、聚合两侧信息的位置。

（二）中脑

在上橄榄核发出三级神经元，传入纤维沿外侧丘系上行而止于中脑的下丘脑。部分纤维止于脑干的运动核。上橄榄核的纤维止于外展神经核，可引发转眼反射动作。下丘脑是将耳蜗背核和上橄榄核传递的听觉定位信息整合的重要部位，特别在声音的空间定位功能中扮演着关键角色。尽管下丘脑主要负责听觉处理，但它也参与了多感官信息的统合，包括身体感觉和视觉，支持听觉专注。

（三）丘脑

外侧丘系的大部分纤维经下丘核中继后，止于丘脑的外侧膝状体，有少部分纤维直接终止于内侧膝状体。此处发出听辐射，即四级神经元，经内囊后部分上行，止于大脑颞叶横回的听觉中枢（参考图 2-20）。

（四）大脑皮质

布罗德曼（Brodmann）第 41 区和第 42 区属于初级听觉皮层，此为源自丘脑听觉信息的第一个皮质目的地，有意识地辨别语言，依音高和音量形成听力，根据声音的性质——语音、音乐、噪声，将其进一步传递到进阶听觉区（参考图 2-21）。

---

① Bundy，A. C. & Lane S. J.，*Sensory Integration：Theory and Practice (Third Edition)*，Philadelphia，F.A. Davis，2019，pp.92-93.

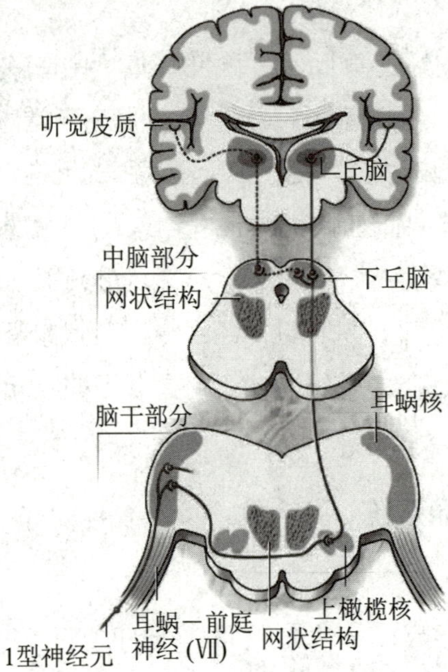

图 2-20　听觉中枢神经

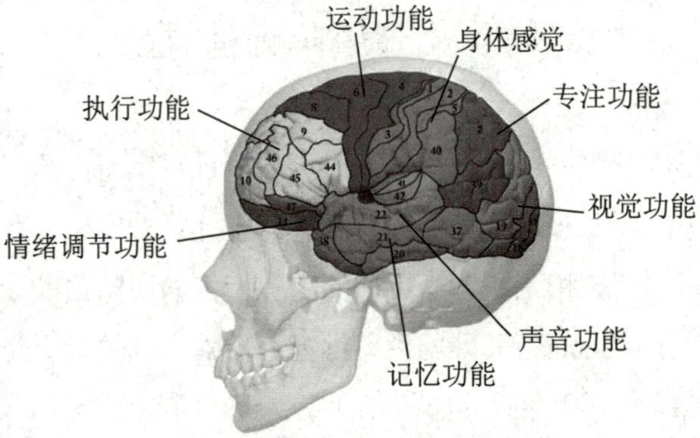

图 2-21　左脑所负责的功能

布罗德曼第 22 区位于大脑后颞上回，在左脑半球，是韦尼克区的一部分，有助于生成和理解单字、单词；在右脑半球，有助区分音调和声音强度，对于感知旋律和韵律都是必不可少的。韦尼克区扮演积极处理语言的角色，由左布罗德曼第 22 区和第 40 区组成。

听觉皮质联合区同时接收其他感觉系统的信息，如前庭与身体感觉系统，此处进行多元感觉统合，扮演觉醒、专注的角色。①

① Bundy，A. C. & Lane S. J.，*Sensory Integration：Theory and Practice (Third Edition)*，Philadelphia，F.A. Davis，2019，pp.92-94.

小贴士

表 2-13　婴幼儿听觉发育的里程碑

第 4 周	胚胎头端可看见两个外胚层增厚的部位，耳部发生的最早征兆。
第 5 周	中耳开始发育。
第 6 周	耳状丘（auricular hillocks）发育，外耳道发育，耳蜗管（cochlear duct）发育。
第 7 周	可清楚看见外耳的耳廓及外耳道。
第 8 周	胚胎已经有了清楚的人类特征，人体的主要器官系统已建立。
第 16 周	外耳更加靠近头部两侧最后的位置。
第 18 周	耳骨已经完全形成。
第 20 ～ 22 周	内耳已经达到与成人的大小及形状。
第 22 ～ 23 周	胎儿对外部声音会有眨眼惊跳的反应，可以听见一些声音。
第 25 周	胎儿的耳朵功能齐全，对声音敏感。
第 26 周	胎儿听力和视力发育的重要里程碑；胎儿的听觉系统（耳蜗和外耳感觉末端器官）此时已经完全形成了，胎儿对声音越来越敏感。
第 27 周	胎儿的听觉神经系统已经发育完全。
第 31 周	视觉、听觉、嗅觉、味觉、触觉，五种感觉均具备。
第 35 周	胎儿听力充分发育。
新生儿	出生时鼓室无空气，听力差，3 ～ 7 天的新生儿听觉已相当良好，能区别 90 分贝和 104 分贝的声音；能分辨母亲的声音与他人的声音；出生 2 ～ 3 天的新生儿已能区分高低不同的音调。
2 个月	能辨别不同的语音。
3 ～ 4 个月	头可转向声源。
6 个月	已能区分父母的声音，叫名字已有应答，能对发声的玩具感兴趣。
7 ～ 9 个月	头眼协调转向声源并注视，区别语言的意义。
10 个月	两眼可迅速地转向声源，对铃声及人的声音有应答。
18 个月	开始区别不同声响，如犬吠声与汽车喇叭声。
24 个月	对声响度的区别较精确。
3 岁	对声音的区别更精细，如能辨别“er”与“e”。

第七节 视觉系统

视觉在人类感官系统中占据非常重要的地位，是获取和处理信息的主要途径之一。生活环境中大部分的信息是从视觉管道接收的。随着个体认知能力的提高，对视觉信息的依赖可能增强。视觉系统不仅能获取周围环境的信息，还有助于认知处理，如阅读、面部识别、空间定向等。

一、定义

眼睛是视觉器官。两只眼睛如团队，通过可见光，折射、聚光、感知外界的影像，再转换为神经脉冲，传至大脑分析所见的三维世界。所以，视觉系统包括周围视觉接收系统及中枢视觉传输系统。

二、周围视觉接收系统

眼睛是相当复杂的器官，功能如同相机。光线进入眼睛后首先被角膜折射；由虹膜控制瞳孔的大小，让光线通过；再由晶状体聚焦，使光线发生折射翻转，并将影像投射至视网膜（retina）；将影像转换为可被神经传递的信息，通过视神经传递到大脑枕叶的视觉中枢（详见图 2-22 及图 2-23）。[①②]

（一）视网膜

视觉的接收器是视网膜，位于眼球的后壁，由色素上皮细胞及神经组织构成。组织学上视网膜分 10 层。其中有三层为神经层，其功能说明如下。

第一层是感光神经元，包括视锥细胞（cone cell）和视杆细胞（rod cell）。

视锥细胞大多集中在视神经中心凹，有 700 万个，负责在光线明亮的环境中进行视觉辨识。视锥细胞含红、绿、蓝三种感光色素细胞。所以视锥细胞对色彩视觉及精密影像较为敏感，是明视细胞。

视杆细胞主要分布在视网膜的边缘，离中心凹较远，有 1.2 亿个，负责在弱光的环境中进行视觉辨识，能放大光线信息，便于分出明与暗的影子，看见人物的外形及移动情况，是暗视细胞。

第二层是双极神经元，有 10 到数百个视细胞通过双节细胞与一个神经节细胞联系，负责联络。

---

① Standring，S.，*Gray's Anatomy：The Anatomical Basis of Clinical Practice*，London，Elsevier，2015，pp.661-666.

② Bundy，A. C. & Lane S. J.，*Sensory Integration：Theory and Practice (Third Edition)*，Philadelphia，F.A. Davis，2019，pp.95-97.

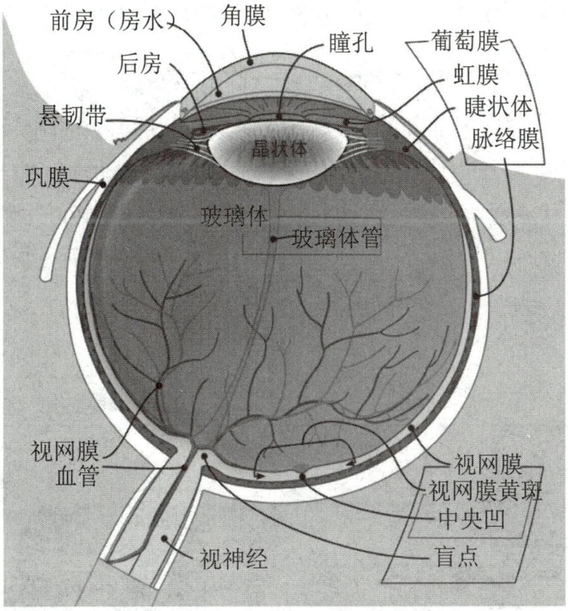

图 2-22 眼睛结构

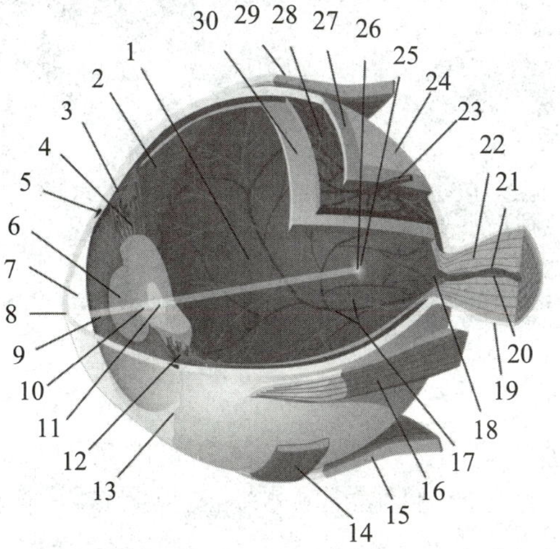

注：1——玻璃体，2——锯齿缘，3——睫状肌，4——睫状体悬韧带，5——施莱姆氏管，6——瞳孔，7——前房，8——角膜，9——虹膜，10——晶状体，11——晶状体核，12——睫状突，13——结膜，14——下斜肌，15——下直肌，16——内直肌，17——视网膜动脉和静脉，18——视神经乳头，19——硬脑膜，20——视网膜中央动脉，21——视网膜中央静脉，22——视神经，23——涡静脉，24——球筋膜，25——黄斑部，26——中心凹，27——巩膜，28——脉络膜，29——上直肌，30——视网膜。

图 2-23 眼球结构及眼外肌

第三层是节神经元，负责传导信息到盲点（blind spot），有以下五种不同的节细胞，详见表 2-14。图 2-24 为视网膜模式图。

（二）视神经

节神经元的轴突聚集形成视神经。当视野内的影像从视网膜进入后，每只眼睛

表 2-14　五种节细胞的特性与功能差异

种类	敏感	不敏感	视野	功能
大细胞	深度	颜色	大	帮助了解物体在视觉环境的位置
小细胞			小	负责传送有关精细视觉信息，如形状与颜色方面的信息 帮助了解所见物体为何
K 细胞	颜色	外形和深度	很大	
第四种细胞	光			调节昼夜节律
第五种细胞				控制眼球运动

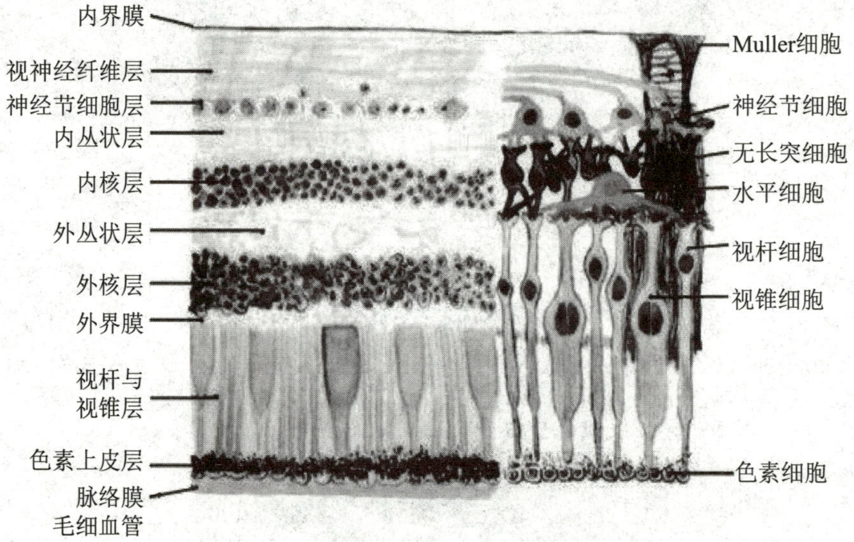

图 2-24　视网膜模式图

的视野分成两部分，分别是鼻侧半区和颞侧半区。对于每只眼球中的物体从视野鼻侧半区射来的光线，落在视网膜的颞侧半区；从视野颞侧半区射来的光线会落在视网膜的鼻侧半区。[①]

（三）视交叉

在视交叉（optical chiasma）中，来自视网膜鼻侧半区的神经纤维会交叉到对侧的丘脑，来自视网膜颞侧半区的神经纤维不交叉，一直通到同侧的丘脑。因此，在大脑枕叶皮质的视觉中枢，接收来自右眼颞侧半区视网膜及左眼鼻侧区视网膜的神经冲动，看到物体的左半部；左大脑枕叶皮质的视觉中枢接收来自左眼颞侧半区

---

① Bundy，A. C. & Lane S. J.，*Sensory Integration：Theory and Practice (Third Edition)*，Philadelphia，F.A. Davis，2019，pp.97–99.

视网膜及右眼鼻侧半区视网膜的神经冲动，看到物体的右半部。左、右大脑半球信息联合，整合成完整的影像。

（四）视神经

视神经（optic nerve）在视交叉处置新组合，形成视束（optic tract）。在视交叉处，来自每只眼睛的部分神经纤维交叉，以便视束携带来自两只眼睛的视野信息。这种重新组合使视束能够传递综合的视觉信息，前往大脑的外侧膝状体和其他视觉处理中心进行进一步处理。

三、中枢视觉传输系统

视神经的工作方式与大多数感觉神经不同，不经过髓质中的连接，直接传至视丘的外侧膝状核，再投射到枕叶。这种直接传输的方式使得视觉系统处理复杂信息的速度更快，不受经过髓质继电站的潜在延迟影响。图 2-25 为视神经传导。

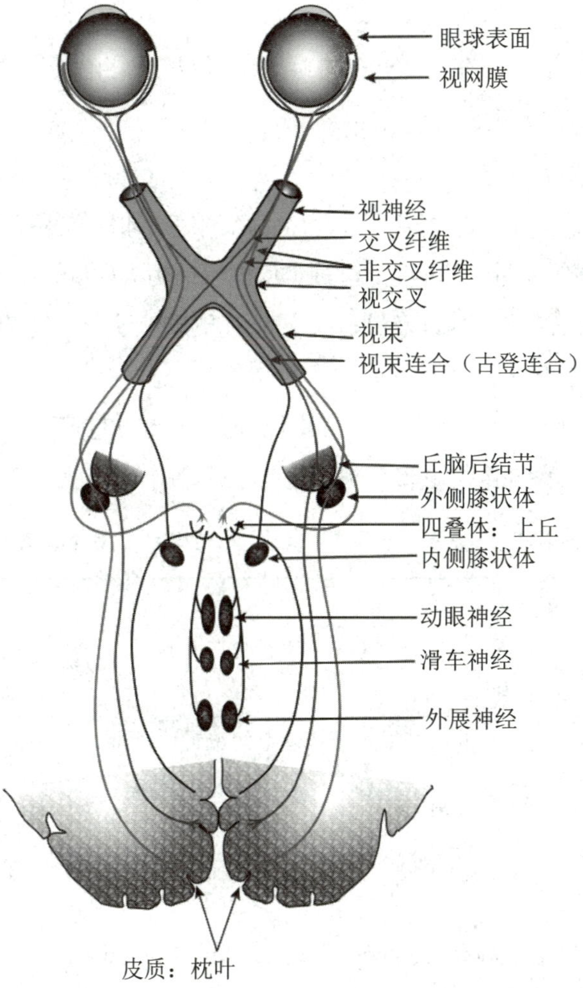

图 2-25　视神经传导

（一）视神经的下行传导路径

1. 外侧膝状体

第一条外侧膝状核直接通过视神经束从视网膜神经节细胞和网状激活系统接收信息。外侧膝状核的神经元通过光辐射发送轴突，这是通向初级视皮质的直接通路。此外，外侧膝状核还从初级视皮质获得许多强大的反馈连接。将眼睛与大脑连接的两个最强通路，是投射到丘脑外侧膝状核背侧部分以及上丘脑。

2. 上丘脑

第二条视觉纤维下行至上丘脑，此为视觉反射中枢。此处细胞接收的视野大，负责反应视野中的水平动作，并不负责解析视觉所察觉物体的特性。

其他传入上丘脑的视觉纤维，来自视觉皮质区及脊髓四叠体，传来脊髓的体感觉信息。因此上丘脑在姿势的视觉协调性以及眼睛动作的控制上，扮演着重要的角色。

3. 副视神经

第三条视觉纤维下行至副神经核，功能是调整眼睛动作的速度及方向，以捕捉视野，稳定视网膜的影像。

（二）大脑枕叶

视觉中枢位于枕叶的距状裂（calcarine sulcus）周围，小脑的上方，占大脑很大的区域，负责高级视觉信息的处理。视觉皮质包括初级视皮质（V1，亦称纹状皮质）以及纹外皮质（V2，V3，V4，V5 等）。初级视皮质位于布罗德曼第 17 区。纹外皮质包括布罗德曼第 18 区和第 19 区。

初级视皮质的影像为上下颠倒、左右相反。初级视皮质的信息输出经两个渠道——背侧流和腹侧流，两者的特性、参与功能及走行不同，详情如表 2-15、图 2-26 所示。[①]

表 2-15　初级视皮质信息输出渠道的特性、功能与走行

渠道	通路特性	敏感度		分辨率		参与功能	走行		
		颜色	对比	时间	空间		起始	经过	抵达
背侧流	空间通路（Where/How）	非	高	高	低	处理空间位置信息以及控制相关运动，如眼移动和到达目的地	V1	经 V2，入背内侧区和 V5（亦称中颞区 MT）	顶下小叶

① Bundy，A. C. & Lane S. J.，*Sensory Integration：Theory and Practice (Third Edition)*，Philadelphia，F.A. Davis，2019，pp.193-194.

续表

渠道	通路特性	敏感度		分辨率		参与功能	走行		
		颜色	对比	时间	空间		起始	经过	抵达
腹侧流	内容通路（Who/What）	是	低	低	高	人、物识别，如面孔识别。该通路也与长期记忆有关	V1	经 V2，V4	下颞叶

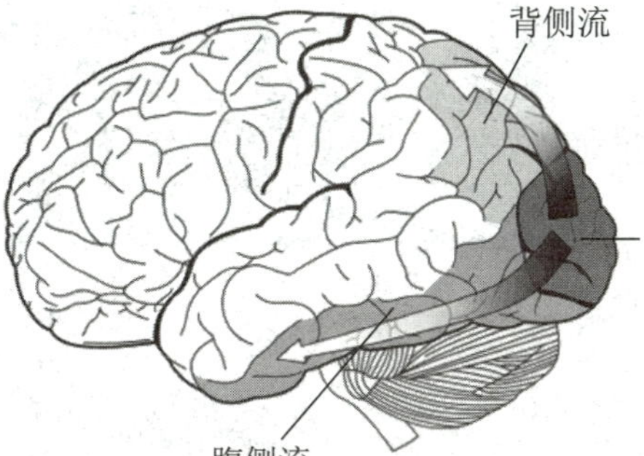

图 2-26 视觉皮质

小贴士

表 2-16 婴幼儿视觉发育的里程碑

新生儿	足月新生儿出生后数小时即有光觉，可有眼球震颤的现象，安静状态下可短暂注视物体，15 ～ 20 厘米的距离视物最清楚。
1 ～ 2 周	对强光有闭睑反应，瞳孔在光照下先缩小，2 ～ 3 秒后放大。
5 ～ 6 周	能注视大的物体，在较大范围内出现同向性固视反射及再固视反射；对左右摆动的物体产生追随运动。
2 个月	眼球可以跟随人运动，注视近处目标很容易引起辐辏运动，开始出现瞬目反射。
3 个月	注视功能出现，对缓慢移动的物体能不稳定追随 180° 范围，头也随之转动。
4 个月	头可抬起，喜欢看自己的手，能辨别彩色和非彩色，有时能用手接触物体。
5 ～ 6 个月	注视时间延长，双眼有协调动作，视力为 0.1。
6 ～ 7 个月	目光随上下移动的物体做垂直方向的转动；并可改变体位协调动作，能看着下落的物体，喜欢红色。
8 ～ 9 个月	开始出现视深度，即通过视觉估计对象的距离，能看到小的物体，能稳定固视。

续表

1岁	能捡出细的棉线，具有躲避外来刺激的能力，视力为0.2。
1岁半	对图画有兴趣，可以区别各种形状，如正方形、圆形、三角形，喜欢红色及玩具，视力为0.4。
2岁	视力达到0.5，能区分垂直线与水平线，逐渐学会辨别红、白、黄、绿等颜色，对电视和飞行的飞机、小鸟感兴趣，能主动避开障碍物。
3岁左右	开始说出颜色名称，认识圆形、方形和三角形，能辨认细小的物体，视力可达0.6。
4岁	视力接近0.8。
5～6岁	视力接近1.0。

第八节　嗅觉系统

2004年，美国科学家阿克塞尔（R. Axel）与巴克（L. B. Buck）因研究嗅觉感受器与嗅觉系统有重大发现而获得诺贝尔生理学或医学奖，向众人揭开复杂的嗅觉秘密。气味对呼吸、脉搏与血压等生理与心理产生影响。

一、定义

嗅觉是对气体刺激的感受器引起的感觉。嗅觉系统由嗅觉感受器、将化学刺激转化成电流信号的周围系统，以及中枢嗅觉系统组成。

二、周围嗅觉接收系统

（一）鼻黏膜

根据结构与功能的不同，鼻黏膜分为三部分。①

（1）前庭部——近外鼻孔的部分。丰富的鼻毛可阻挡吸入空气中较大的尘粒。

（2）呼吸部——占鼻黏膜的大部分，有发达的上皮纤毛，向咽部摆动，可黏着灰尘粒、细菌的黏液，排向咽部，排出体外。此部分有丰富的血管与腺体，对吸入的空气有加温和湿润的作用。

（3）嗅部——位于鼻腔顶部，黏膜范围仅3平方厘米，含有嗅神经细胞及嗅腺，分泌能溶解到达嗅区的含气味微粒。

---

① Bundy，A. C. & Lane S. J.，*Sensory Integration：Theory and Practice (Third Edition)*，Philadelphia，F.A. Davis，2019，pp.103-104.

（二）嗅觉感受器

嗅神经并非特化细胞，是黏膜的神经末梢。每个细胞有 6 ～ 10 个树突（称嗅毛），即嗅觉感受器（参考图 2-27）。嗅神经的主要功能是接收来自鼻腔内嗅觉细胞的信号。当气体分子通过呼吸进入鼻腔时，它们会与鼻腔上方嗅上皮内的嗅觉受体结合，这些受体与嗅神经紧密相连。当气体分子与嗅觉受体结合后，嗅神经细胞会将这种化学刺激转换为电信号。转换后的电信号沿着嗅神经纤维传送至大脑。嗅神经是直接与大脑相连的少数几个神经之一，其纤维穿过颅骨底部的嗅孔进入大脑。信号到达大脑后，首先传入嗅球，这是嗅觉信息处理的主要场所。嗅球对接收到的信息进行初步处理，并将其转发至大脑的其他区域，如嗅皮层、杏仁核等，这些区域进一步分析气味信息，并与记忆、情感等相关联。通过这样的处理，人类能辨识不同的气味，并对它们产生相应的情感和记忆反应。例如，某些气味可能唤起愉快的回忆，而其他气味可能引发不适感。自然界中能引起嗅觉的气味物质有 2 万多种，人类能分辨与记忆的气味物质有 1 万多种。

嗅觉细胞可因身体生病，或接触不良环境因素而被破坏，但嗅觉细胞有再生能力，每季会更新。嗅觉还可能因身体老化而使细胞再生能力变迟缓。

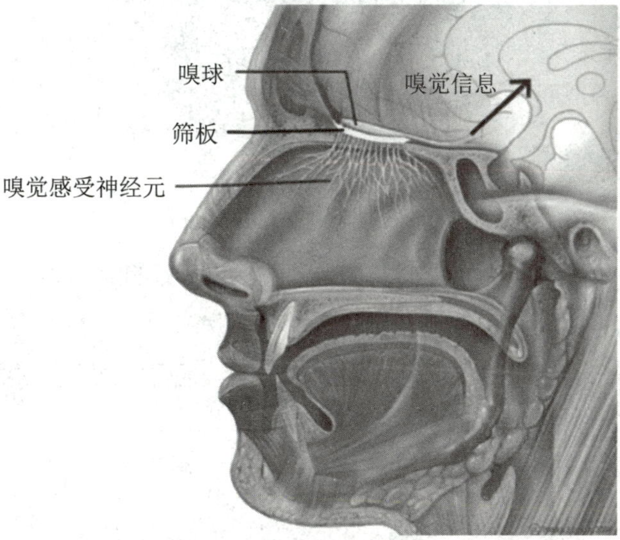

图 2-27　嗅觉感受器

（三）嗅神经

嗅觉细胞是双极细胞。树突接收嗅觉信息，传到细胞本体后，通过轴突，往外传出信息，就是嗅神经（第一对脑神经）。

三、中枢嗅觉传输系统

（一）嗅球

嗅神经轴突穿过筛骨的筛状板，直接到大脑的嗅球（olfactory bulb）上聚合形成簇群，叫作嗅小体（glomeruli）。嗅球位于脑底部颞叶的最前端。嗅觉是八感中唯一不经过丘脑的感觉，直接将刺激传到大脑。

（二）嗅神经、海马回、杏仁核和网状组织

在嗅小球内，轴突接触到僧帽细胞的树突，将其延伸到大脑不同区域，包括嗅神经、海马旁回(hippocampus)、杏仁核(amygdala)、网状结构等(参考图2-28)。[①]

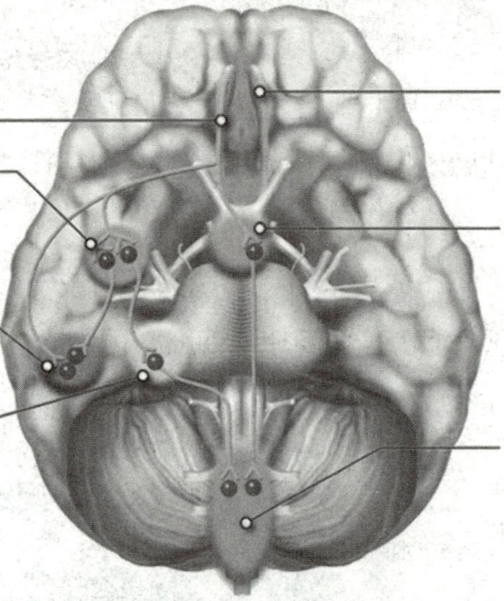

图 2-28　嗅觉中枢神经系统

嗅神经包括一条输入的感觉神经和一条输出的运动神经。因为快速，所以输入的嗅觉要更机敏。内脏对嗅觉做出的反应是在网状组织。嗅觉中枢在颞叶，对嗅觉产生意识。海马旁回储存嗅觉记忆，嗅觉扮演搜索记忆线索的重要角色。即使重度昏迷的人，仍可能因嗅觉的刺激帮助唤醒。

（三）嗅觉与情绪

嗅觉是唯一的感觉系统，直接从感受器快速发送信息到大脑情绪中枢，引起情绪反应。淡雅花香、宜人果香、婴儿奶香等气味令人神经放松。甲醛等挥发性涂料、一氧化二氮（笑气）等通过嗅球强烈刺激大脑，令人恶心、极度兴奋等。人因睡眠、经验、情绪等因素而对嗅觉反应不同，其中身心压力可能会导致对嗅觉的感受改变，

① Bundy，A. C. & Lane S. J., *Sensory Integration：Theory and Practice (Third Edition)*, Philadelphia，F.A. Davis，2019，pp.103-104，pp.199-200.

小贴士

婴幼儿的嗅觉发育

胎儿 5 个月时嗅觉器官就开始发育，7 ～ 8 个月时嗅觉器官已基本发育完整。个体出生时嗅觉已发育成熟，出生后 1 ～ 2 周已可识别母亲与其他人的气味。个体在 3 ～ 4 个月时能区别愉快与不愉快的气味。随着年龄的增长，个体对气味的辨识能力逐渐提高，在 4 ～ 6 个月时，开始更明显地区分和反应于不同的气味。7 ～ 8 个月时能分辨出芳香的刺激。1 岁时，个体的嗅觉系统已经相对成熟，能够识别和区分广泛的气味，并对这些气味有一定的情感反应；2 岁左右能很好地辨别各种气味。随着个体继续生长，其嗅觉能力继续发展，与味觉和其他感官相结合，形成对食物和环境的复杂感知。

形成烟瘾等。

（四）嗅觉疲劳

子曰：“入鲍鱼之肆，久而不闻其臭。”这说明了嗅觉疲劳（又称嗅觉适应）现象，即暂时失去分辨气味的能力。这是人体为避免神经系统负荷过重而采取的措施。所以我们要在嗅到气味初期，赶紧辨识是否有危险，必要时采取措施。

此外，嗅觉有遮掩效应，就是为遮盖一种令人不悦的气味，可用另一种更强的气味，如用香水去遮盖体臭、用芳香剂去遮盖浴厕的臭气。其实气味是在提醒人们要加强清洁，消除臭气来源，如汗臭、霉菌等。

第九节　味觉系统

“民以食为天”。这句话道出民生所需，以食为首。如今食的角色不仅是为果腹，还具有愉悦心灵、充当药膳等作用。

一、定义

味觉是通过口腔感受化学合成物而产生的感觉。味道有甜、咸、苦、酸和鲜五种。食物所发出的气味、入口的味觉，以及咀嚼时触觉与本体运动觉的口感，一起在大脑中合成“味道”。味觉系统包括周围味觉接收系统及中枢味觉传输系统。

二、周围味觉接收系统

（一）味蕾

味蕾（taste buds）是口腔的周围化学感受器。人体约有 1 万个味蕾，分布在舌头、软腭、咽喉和会厌的上皮组织。每个味蕾内有 50 ～ 150 个味觉感觉细胞，这些细胞负责检测食物中的化学物质，并产生味觉信号。

味蕾呈瓶状或椭圆状，位于舌头的上皮内。食物由上皮细胞开口处的味孔（taste pores）进入味蕾，感觉神经末梢则由底端进入，见图 2-29。味蕾细胞的类型及其功能详见表 2-17。[①]

（二）味觉处理器

味觉处理器（afferent taste processor，ATP）是味觉感受器。在味觉获得刺激期间，味蕾分泌突触，自分泌和旁分泌传递物质，包括乙酰胆碱（Ach）、5- 羟色胺、去甲肾上腺素（NE）和 γ - 氨基丁酸（GABA）等。谷氨酸是传出的传递物质，刺激突触前细胞释放 5- 羟色胺。[②]

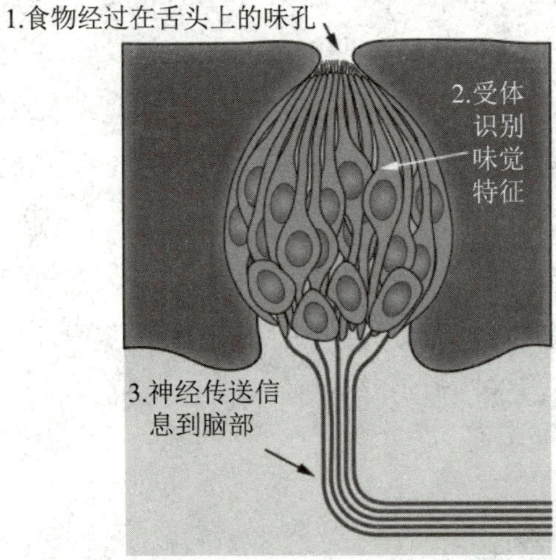

图 2-29　味蕾运作过程

表 2-17　味蕾细胞类型及其功能

类型	性质	功能
第一型	胶质细胞	味蕾内的支持细胞
第二型	感受 G 蛋白偶联受器	甜、苦和鲜味通过 G 蛋白偶联受器识别
第三型	突触前细胞	咸味通过钠离子通道识别 酸味通过钾离子通道识别

① Bundy，A. C. & Lane S. J.，*Sensory Integration：Theory and Practice (Third Edition)*，Philadelphia，F.A. Davis，2019，pp.199-201.

② Standring，S.，*Gray's Anatomy：The Anatomical Basis of Clinical Practice*，London，Elsevier，2015，pp.94-95.

（三）周围神经

有 3 条脑神经负责传输味觉任务，主责不同部位，详见表 2-18。①

表 2-18　三条脑神经主责的不同部位

脑神经	名称	主责的不同部位
第七对	面神经	舌前段三分之二
第九对	舌咽神经	舌后段三分之一
第十对	迷走神经	会厌中局部区域

三、中枢味觉传输系统

（一）延脑

舌和舌咽味蕾的味觉信息通过面神经和舌咽神经传送。内脏感觉经迷走神经传入延髓的孤束核（nucleus of the solitary tract）。

（二）丘脑

孤束核前上部分发出纤维，将味觉信息投射至脑部其他区域，包括网状结构、副交感神经节前神经元、杏仁核、下丘脑和丘脑，参与形成自主神经调控的回路。

（三）初级味觉皮质

初级味觉皮质是大脑皮质负责感知味道和风味的区域，由岛叶的前岛和额叶上

小贴士

婴幼儿的味觉发育

味觉主要有 5 种，即咸、甜、苦、酸、鲜。味蕾在胎儿 7～8 周时开始发育。16 周时，胎儿舌头上的味蕾基本上已经发育完成。胎儿 7～8 个月时味觉的神经束已经髓鞘化，婴儿出生时味觉发育已很完善。出生 2 小时的新生儿已能分辨出甜味、酸味、苦味和咸味，出现不同的面部表情。4～5 个月的婴儿对食物轻微的味道改变已很敏感，能区分出食物的味道及感觉到食物味道的微小变化。这时应及时添加各种辅食，让婴儿逐渐适应，否则以后增加辅食会有困难或造成偏食。6 个月到 1 岁，婴儿的味觉发展最灵敏。

婴儿出生 1～4 个月后对甜味有明显的偏好；4～6 个月对常接触的味道包括苦味，有明显偏爱，为味觉可塑性窗口期；6～12 个月形成对口感和食物材质的偏好。1～2 岁形成味觉心理体验，能通过食物外形判断味道，考虑是接受还是拒绝。厌食、偏食应从 6 个月开始预防，多给予味觉刺激，多种口味干预，可以避免日后婴幼儿的味觉统合失调。

---

① Bundy，A. C. & Lane S. J.，*Sensory Integration：Theory and Practice (Third Edition)*，Philadelphia，F.A. Davis，2019，pp.100-102.

的额盖组成味觉神经传导通路（参考图 2-30）。[①]

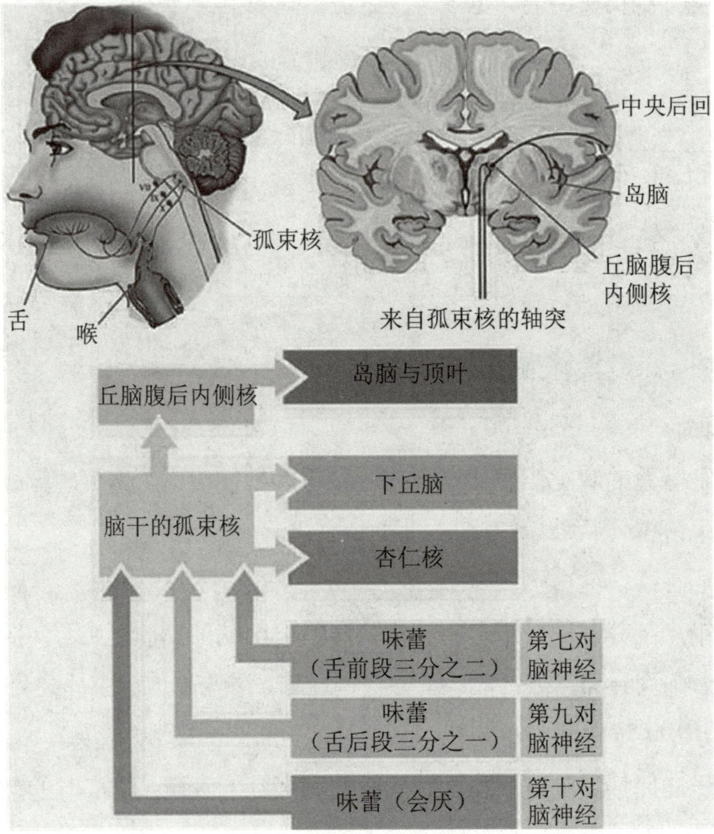

图 2-30　味觉神经传导通路

小　结

本章介绍了感觉统合的生理基础知识，从人体结构和神经系统阐述了神经生理学概论初步知识；首次在感觉统合中加入内感觉系统的概念，重点介绍了内感觉系统的定义、所包括的内脏器官、内分泌系统和自主神经系统等，感觉统合学说将内感觉纳入感觉统合运作须关注的一环。当感觉统合运作不正常时，也可能出现内脏反常现象，需分析原因。感觉统合训练不得过度刺激，若过度刺激可能引发不舒服的内感觉。

① Bundy，A. C. & Lane S. J.，*Sensory Integration Theory and Practice (Third Edition)*，Philadelphia，F.A. Davis，2019，pp.199-200.

前庭—本体觉是影响儿童感觉统合失调的重要生理基础。本章介绍了前庭系统的定义、周围前庭系统、中枢前庭系统和本体运动觉系统的定义和周围本体运动觉系统及中枢本体运动觉系统的基本概念，重点介绍了前庭平衡系统在内耳的椭圆囊斑负责侦测水平加 / 减速度的感受器、球囊斑侦测垂直加 / 减速度的感受器。中枢前庭系统通路多处交叉，辅助完成前庭系统的三类感觉统合功能：（1）在脑干 / 小脑水平反馈性控制凝视和调整头及身体的平衡运动；（2）在皮层 / 皮层下水平感知自主运动，控制随意运动及平衡感；（3）更高级的前庭认知功能，包括多元感觉输入（如空间记忆和导航）等。

本体运动觉系统中鲁菲尼小体是感知关节静态位置、内部压力，以及运动时角度、速度和角速度变化的感受器，特性为牵张低阈值与慢适应。帕奇尼小体是关节运动觉的感受器，低阈值、快适应，感知关节的位置变化。意识层面的本体运动觉通路由三级神经元神经传导，通过背柱—内侧丘系神经通路，传递到大脑感觉中枢。非意识层面的本体运动觉通路，是反射通路的上行部分，由两级神经元组成，通过脊髓，传递到小脑，调节躯干、四肢的肌张力和协调运动，维持身体的平衡和姿势等。

触觉系统、听觉系统、视觉系统、嗅觉系统和味觉系统等感官系统的定义及相关感官系统周围接收系统和传输系统的相关知识是感觉统合训练的理论基础。

关键术语

中枢神经系统　周围神经系统　自主神经系统　内感觉　前庭系统　半规管　前庭神经核　本体运动觉

思考与练习

1. 人体中枢神经系统与周围神经系统分别负责哪项任务？

2. 内脏系统包括哪些？每天内脏运作可能发出哪些信息？内脏非寻常的信息有哪些？

3. 嗅觉是八种感觉中唯一不经过丘脑直接进入大脑皮质的，为何如此？

4. 哪些前庭活动刺激半规管？哪些刺激球囊？哪些刺激椭圆囊？

5. 中枢前庭系统通路有几处交叉？具有哪三类感觉统合功能？

6. 意识层面还是非意识层面的本体运动觉通路有三级神经元，怎样传递到大脑感觉中枢？

7.哪种类别的触觉感受器种类最多，适应性包括快与慢？

8.大脑哪个皮质区同时接收听觉与其他感觉系统的信息，如前庭与身体感觉系统，进行多元感觉互动，扮演觉醒、专注的角色？

9.哪种感觉是唯一直接从感受器快速发送信息到大脑情绪中枢，引起情绪反应的感觉系统？

10.甜、苦、鲜、咸、酸等味道，分别是由哪种味蕾细胞负责识别的？

拓展阅读

高丽芷.感觉统合：修练脑部.台北：信谊基金出版社，2018.

第三章 感觉统合功能异常

学习目标

1. 了解感觉统合功能异常成因及类别。
2. 了解儿童运用能力及运用功能障碍。
3. 了解视觉空间与听觉处理异常表现。
4. 了解学习功能障碍与大脑分化的关系。
5. 了解不同身心障碍儿童的感觉统合功能性问题。

思维导图

- 第三章 感觉统合功能异常
  - 第一节 感觉统合功能异常概述
    - 一、触觉防御
    - 二、前庭—本体觉调节异常
    - 三、感觉系统反应不足
    - 四、感觉系统分辨与知觉问题
  - 第二节 运用功能障碍
    - 一、运用能力
    - 二、运用能力障碍
  - 第三节 视觉空间与听觉处理异常
    - 一、视觉空间能力障碍
    - 二、听觉处理能力障碍
  - 第四节 大脑半球的功能异常
    - 一、大脑半球的功能和侧化
    - 二、学习障碍儿童的大脑分化异常与处理
  - 第五节 不同身心障碍儿童的感觉统合功能异常问题
    - 一、孤独症谱系障碍
    - 二、注意缺陷多动障碍
    - 三、发展性协调障碍
    - 四、脑瘫

导 入

生活中有一些儿童动作笨拙、坐姿不稳、东倒西歪，不能够很好地控制力量，在抓东西时，力度可能太大或者太小；速度控制也差，在跑动时难以按照指示停止。有的儿

童喜欢旋转，转了很久也不觉得头晕，喜欢玩转动的东西。有的儿童协调性差，自理能力不佳，或者胆小、退缩、缺乏自信；还有些儿童上课注意力不集中，好动不安，做作业拖拉磨蹭，学习效率不高。有的儿童认读、书写容易出现遗漏、错误；注意力不集中，丢三落四，经常忘记老师布置的作业等；无法用舌头尝出各种味道，不能尝出酸、甜、苦、辣，甚至对某种味道特别排斥，进而出现挑食、偏食的情况。有的儿童对新事物排斥，有依赖旧物的习惯，黏人，渴望被接触，吸吮手指、咬人等；好动，平衡能力比较差。有的儿童畏高或者不怕高，走路容易跌倒，调皮任性、自控能力差、情绪不稳定，出现语言发展迟缓、说话词不达意、说话表达困难；生活自理能力弱，拿筷子、拿汤勺不协调，不会吹口香糖，舌头操作不灵活，难以将水喝入口中，穿裤子困难；登高时会极度紧张，身体屈成弓形，大肌肉发展不佳，以致坐无坐相，站无站相，坐时常会趴在桌子上，或以手扶额头。

这些行为是什么原因导致的？接下来，我们将介绍感觉统合功能异常的几个方面。

第一节　感觉统合功能异常概述

感觉统合功能异常（sensory integration dysfunction），亦被称为感觉加工障碍（sensory processing disorder），是一种中枢神经系统在处理视觉、听觉、触觉、嗅觉和味觉等感觉数据时出现损伤的神经系统疾病。简单来说就是各类感觉信息在大脑中不能得到很好的整合，导致儿童出现了不能适应环境的行为。

迄今为止，感觉统合功能异常的原因研究颇多。艾尔斯认为人体的运动、感觉、认知功能的发展与脑的成熟过程并进，中枢神经系统的脑干和丘脑是完成感觉统合的核心。身体通过感官接收内外的刺激信息，先由低层次的脑干及内耳前庭平衡系统来处理这些信息，对外界的信息进行过滤，随着脑的成熟，继而由皮质层提取、统合、理解、推理，从而形成一个高层次的行为模式：运动—知觉—认知，以完成对事物全面、完整的认识，并指挥行为的完成。

首先，我们来谈谈什么是感觉统合调节。感觉统合调节是指儿童能够根据环境的要求适度获取感觉信息，并能够调节来自不同感觉系统的信息，以此增加或减少神经系统的活动的能力。这样做的优点在于儿童能够将注意力专注于当前重要的感觉刺激以完成目标任务（如学习或者游戏）。如果儿童的感觉统合调节能力失常，则会将注意力放到不重要的感觉信息上，使儿童表现得注意力不集中且表现较差。但是需要注意的是，不同的儿童的感觉统合调节方式也是独特的。具有共性的是，随着儿童年龄的增长，神经系统逐渐成熟完善，感觉统合调节能力也会越来越好。

在谈论感觉统合调节时，我们不得不提到一个概念——警醒程度。警醒程度指的是儿童能够根据内在及外在的环境信息，做出相应的回应。这个过程中对环境信息的察觉依赖的是大脑中网状活化系统（reticular activating system）的作用。生活中的新奇感觉刺激会令这个系统活跃起来，但重复且单调的感觉刺激或将一定的感觉刺激移除则使此系统较不活跃。由于警醒程度受各类输入的感觉信息影响，因此警醒程度是动态变化的，如刚睡醒的时候警醒程度较低，慢慢地逐渐升高。需要注意的是，虽然一定的警醒程度有助于我们对外界刺激做出适当的反应，但警醒程度并不是越高越好，警醒程度过高会让儿童出现防御、焦虑等行为。例如，当我们感觉自身遇到重大危险时，我们的大脑是无法理智思考行事的，我们会出现一系列慌乱、防御过度等应激行为。

感觉统合调节与警醒程度之间具有紧密的联系。一般情况下，儿童的感觉统合调节能力会维持在一个正常的范围内，但是具有感觉统合功能异常的儿童会对自身或者环境中的感觉刺激反应过度（over-responsiveness）或者反应过低（under-responsiveness），甚至还有两种情况同时存在的情形。一般来说，反应过低的儿童接收感觉刺激的阈值过高，需要大量的刺激输入才能达到阈值并产生相对应的反应。因此感觉反应过度的儿童会寻求过量的感觉刺激。就好像每个儿童都拥有一个“容器”，输入的感觉信息装满了“容器”，机体就会产生相对应的感觉。如果感觉统合功能正常的儿童的“容器”是一个碗，感觉过低的儿童的“容器”就像是一个盆，需要更多的感觉刺激才能引起同等反应，感觉反应过度的儿童的“容器”就像是一个小杯子，一点点的刺激就会引起他们的反应。因此在同等的感觉刺激下，反应过低的儿童可能完全没有感觉，而反应过度的儿童可能会觉得不舒服，甚至会有拒绝、防御的行为出现。

我们结合前人研究将感觉统合功能异常分为触觉防御、前庭—本体觉调节异常、感觉系统反应不足、感觉系统分辨与知觉问题。

一、触觉防御

事实上，胎儿在母亲子宫中已经开始接收包括形状、温度、抚摸及疼痛等触觉体验。触觉是最大的感觉系统。触觉信息促进了运动企划，并对情绪的稳定和社会功能有巨大影响，同时也是发展自我意识和对周围世界产生认知的重要因素。艾尔斯认为触觉防御是个体通过背柱—内侧丘系和前侧系统对触觉刺激进行分辨和判断的过程。其中前侧系统与判断是否要产生保护性反应相关，而背柱—内侧丘系与分辨触觉刺激的本质相关。当这两个系统失衡时，个体会对一般性触觉刺激产生防御、逃避的反应，这可能是触觉防御产生的原因。

案 例

日常生活中明明的衣服大多是纯棉材质的，但即便如此，衣服与皮肤的摩擦总会让他感觉皮肤瘙痒难忍，甚至让他坐立难安。此外，老师对其手、胳膊等身体部位轻轻的碰触，也会让他感觉不适和排斥，一旦老师握住他的手，他就会表现出害怕的样子并哭着向妈妈求助。与之不同的是，另一个小朋友童童，平时很喜欢用手敲打桌子，手上有了伤口还会用手频繁触碰，受伤了自己却好像完全没有感觉似的。妈妈也反映，有时童童不小心摔倒了还一脸笑嘻嘻的，仿佛一点儿都不怕疼。

以上这两个儿童典型地代表了感觉统合障碍中触觉防御障碍的两种类型：触觉高敏和触觉低敏。

触觉防御障碍是指人体在触碰某些东西时过于敏感或过于迟钝。触觉高敏以对疼痛、温度、压力等的异常感知为特点，并伴随触觉防御。有这种障碍的儿童经常因过于自我保护而表现为对外界事物的反抗，身体和情绪方面对外界刺激产生较大的反应。比如，不喜欢和别人发生身体接触，对日常生活中的正常行为（洗头、剪指甲、剪头发）也会反抗，讨厌更换衣物，拒绝他人的拥抱或者在进行爬高、摇晃和旋转项目时有恐惧表现。这类儿童通常对个人空间需求大，社交能力差，有孤僻、胆小、害羞、攻击性强、焦虑等表现。触觉低敏者则相反，他们对疼痛的感觉不太灵敏，通常表现出对身体接触的寻求，对疼痛等反应低下，会出现咬手指头、自我打击、头部撞击等行为，常常表现出缺乏自我意识、有学习障碍等，甚至还有个别儿童会出现自虐现象。

二、前庭—本体觉调节异常

前庭—本体觉调节异常包括前庭—本体功能异常、前庭系统反应过度及大脑分化不佳。

（一）前庭—本体功能异常

前庭—本体功能异常包括平衡感异常、姿势动作异常、空间感异常，以及情绪和行为异常。

1. 平衡感异常

前庭系统是儿童在进行活动时保持身体平衡的神经基础。通常来说，儿童保持平衡的方法包括近端关节稳定度（proximal joint stability）、背景姿势和保护性伸展动作（protective extension）。感觉统合功能异常的儿童经常出现近端关节稳定度不佳的情形，所以蹲着的时候很容易跌倒，或者进行需要近端关节稳定度的活动

（如吊单杠）时会有困难；并且此类儿童不懂得如何去调整自己的背景姿势，无论在进行什么样的活动，他们的姿势几乎不怎么变化，看起来会非常不自然和僵硬。此外，此类儿童在即将跌倒时缺乏来自前庭系统的信息反馈，因此常常会在跌倒时不知道用手保护自己，经常会撞到头或脸。

2. 姿势动作异常

在我们的身体中，大脑—脊髓神经系统主要负责自主性的肌肉活动，而前庭系统主要和非自主的动作控制有关。前庭系统传递信息可以使儿童的抗重心肌肉群保持收缩以维持头部和身体的直立。这个系统一旦失常，儿童就会表现出趴在桌子上、身体软绵无力的状态。本体系统、小脑和前庭核是儿童正确处理前庭刺激的生理基础。因此，在这些系统中任何一个环节没有被处理好，儿童就会出现平衡感和协调性不佳的问题。

3. 空间感异常

儿童产生空间感的生理基础包括前庭、本体和视觉皮质，这些系统可以将恰当的空间感觉传递到我们的大脑，以引导骨骼肌肉系统进行正确的动作。因此儿童可以学习在纸上画图写字、折纸和拼贴等。此类感觉异常的儿童会逃避需要判断空间的活动，如折纸、打球、仿写等。此外，这类儿童无法判断人与人之间的空间距离，常常会和他人离得太近甚至撞到他人。

4. 情绪和行为异常

前庭系统和边缘系统与个体情绪的产生息息相关。恰当的前庭刺激信息会被传送到大脑的边缘系统以产生恰当的情绪。然而，一些缺乏恰当感觉输入或者感觉统合功能异常的儿童常常会出现过度的身体摇晃、焦虑、不满足或缺乏自信的状况。

关于感觉统合功能异常的影响因素。感觉统合功能异常可能与边缘系统（limbic system）、下丘脑有关，而这些区域负责记忆、学习、维持动机、情绪表达等。除此之外，也有一些研究表明，孕期及新生儿期内外环境及养育方式、性别因素亦可能与感觉统合功能异常相关。例如，居住状况拥挤，缺少身体活动，以及父母溺爱，容易使儿童出现感觉统合障碍。此外，父母对子女长时间表现出拒绝或者否定的态度，母亲受教育程度低，家庭结构缺失或者氛围不良，父母对子女施以惩罚为主的教育方式，以及父母双方对子女教育观念不一致也是感觉统合功能异常的危险因素。

（二）前庭系统反应过度

与触觉防御相似，某些儿童对前庭刺激会产生过度敏感的现象，包括重力不安全症（gravitational insecurity）和对动作嫌恶反应（aversive to movement）。

案 例

4 岁的小芳平日容易受环境影响，自控能力差，注意力不集中，容易发脾气，爱哭闹；在语言发展方面，口语发音不清，语言表达不明；在社会交往方面，经常自言自语或无故嬉笑，目光游离，不与他人对视，喜欢自己一个人躲在区角独自游戏，平时很少和其他小朋友交流；在身体发展方面，躯体动作发展比同龄幼儿滞后。

小芳在情绪、行为、社交等方面都存在比较严重的问题。根据儿童感觉统合能力发展评定量表的测评，其前庭觉与触觉重度失调。

1. 重力不安全症

有重力不安全症的儿童对搭乘电梯或者手扶梯有过度的恐惧，他们害怕攀爬的游戏，似乎只有脚踏实地才能让他们感到安全。这类儿童会排斥大多数的肢体动作，进而其粗大动作能力发展受到影响。

2. 对动作嫌恶反应

这类儿童会对一般的动作感到排斥和恐惧，原因是这类儿童对来自半规管的前庭觉信息（与旋转或者加 / 减速度有关）过度敏感，无法解决前庭、本体、视觉信息之间的冲突。这些儿童往往为了避免此类不舒服的感觉而主导该进行什么样的活动，或者夸大自己的能力以避免这些感觉刺激的发生。

（三）大脑分化不佳

人类具有非常复杂的大脑结构，左右脑经常分工合作以便能够更加有效率地处理信息。一般来说，我们的左脑与语言和逻辑相关，主要负责逻辑理解、记忆、排列、分类、分析、推理等理性活动，右脑主要负责空间形象记忆、直觉、情感、身体协调、视知觉、美术、音乐节奏、想象、灵感、顿悟等感性活动。除此之外，大脑中还有一些特化的区域（如语言区）会发挥特定的功能。大脑分化不佳的儿童无法有效率地处理信息。比如，在处理信息时，他们左右脑同时运作，但并不能高效且准确地处理信息。大脑分化不佳的常见表现是儿童并没有发展出惯用手。一般来说，惯用手在儿童 4～5 岁便会确定。左右大脑分化不佳的儿童常会出现左右“开弓”的现象，好像两只手都可以写字，但写得都不是很好。此外，大脑分化不佳的儿童会缺乏跨越身体中线的能力。例如，当儿童画圆形时，身体左侧的图案用左手画，身体右侧的图案则用右手画。因此，这些儿童在进行需要两侧身体协调的活动时有很大的困难。

三、感觉系统反应不足

与触觉防御、重力不安全症及对动作嫌恶反应等感觉系统反应过度相反，感觉系统反应不足的儿童会出现寻求刺激的行为，喜欢具有刺激性的活动与器材，甚至不会出现旋转后眼球震颤。因此，这类儿童在日常生活中会有不停且通常是无目的的动作，很爱寻求冒险刺激。有些儿童喜欢寻求大量的本体刺激，喜欢推拉重物或跟别人挤来挤去。有触觉防御或者重力不安全症的儿童也会寻求大量的本体刺激以便安抚自己；而感觉系统反应不足的儿童喜欢做大量的触觉探索，或者寻求他人的拥抱、触碰。

四、感觉系统分辨与知觉问题

感觉系统分辨与知觉问题分为视觉分辨与知觉问题、触觉分辨与知觉问题、本体觉分辨与知觉问题。

（一）视觉分辨与知觉问题

案　例

轩轩在掌握单词、词组方面比较困难，默写时常出现写错别字等现象，如常常把 p 与 q、b 与 d 搞混，3+3 的答案嘴上说是 6 却写成 9，6+6 等于 12 却写成 21。家长常常斥责轩轩不认真。

视觉分辨与知觉问题指的是儿童所具备的空间定位（如了解汉字的上下左右结构）、分辨背景物（能够从众多的物品中寻找目标物）和视觉完型能力（能够从物体的一小部分分辨出是何物，如香蕉被罩住一部分仍能认得出是香蕉）问题。需要注意的是，虽然感觉统合功能异常会出现视觉分辨与知觉问题，但并不是所有的视觉分辨与知觉问题都是感觉统合功能异常造成的，儿童感觉统合训练师在遇到有感觉分辨与知觉问题的儿童时需要进一步仔细探究产生问题的原因是什么，再设置相对应的训练介入。

（二）触觉分辨与知觉问题

触觉分辨与知觉问题是指儿童无法在没有视觉线索的帮助下正确使用触觉去探索物品。错误的触知觉会给神经系统提供错误的信息，使儿童无法做出恰当的动作，如写汉字或者使用筷子吃饭。触知觉问题也是常见的感觉统合功能异常问题。

（三）本体觉分辨与知觉问题

有本体觉分辨与知觉问题的儿童无法正确地觉察自身的身体姿势，所以他们的姿势看起来比较笨拙、不协调或者和别的儿童不一样。这些儿童如同触觉分辨与知觉异常的儿童一样，会寻求过度的本体刺激来给大脑提供更多的关于身体姿势的回馈，如跨步时抬脚抬得很高，亦会过度依赖视觉或口语来提示自己，如不断地自言自语，而这些行为让他们在团体中格格不入，严重的会影响儿童的社交。

总之，感觉统合功能异常的类型有多种，会对儿童的日常生活产生巨大的负面影响。①影响儿童的动作技巧与认知发展。触觉防御的儿童因为不喜欢接触不同的触觉刺激，因此他们用肢体去探索世界的机会主观上会减少很多。经年累积，儿童的肢体动作技巧会受到一定的影响，相对应地，与各个肢体相关的功能，如肢体的稳定程度、上肢的肌肉力量、动作计划能力、手眼协调的活动，甚至是认知能力，都会受到一定程度的负面影响。②影响儿童的社交互动。③影响儿童的心理社会功能。

第二节　运用功能障碍

一、运用能力

运用能力指的是个体可以按顺序完成不熟悉（或新的）动作的能力。这种能力能让我们决定应该将注意力放在什么地方，以及如何去安排事情的先后顺序，如何去设定短期目标和长期目标及实现的方式；这种能力也可以帮助我们监控自己的情绪和想法，让我们的工作更有效率。例如，当我们准备考试的时候，我们会先拟订一个学习计划，安排自己的学习时间和内容，在执行计划的过程中，排除出去玩等与目标无关的活动的干扰，全身心地应对当前最重要的事情。也就是说，运用能力包括对某一活动从构思、计划、执行到结束的过程，其中重要的是动作计划的能力。

运用能力的内容很广泛，包括以下方面。①计划能力，即为将进行的活动画一张蓝图的能力，包括可以决定什么是重要的、需要先进行的，什么是不重要的、需要后进行的。②组织能力，即可以根据外在环境和内在能力去安排活动的内容的能力。③时间管理能力，即可以去评估有多少时间、该如何做时间的配置，以及如何在计划的时间内完成的能力。④活动起始，即可以在合理时间内，及时并毫无迟疑地开始动作的能力。⑤工作记忆。当个体在进行复杂的活动时，可以暂存在脑海中帮助个体进行活动的记忆被称为工作记忆。它包括个体是否会提取过去的经验及对未来问题的解决能力。⑥反应抑制，即能够克制一些无关紧要的活动，而让目标活动进行得更有效率的能力。⑦调整性，即当活动进行过程中遇到挫折、错误或有新的信息，可以随时更改计划。⑧自我情绪调节。情绪的管理能力可以帮助儿童在活动进行过程中克服对活动有负面影响的情绪。⑨持续力，即可以帮助我们达到活动的最终目标的能力。⑩后射认知。个体在进行活动之后，会回顾自己的状况，检视自己是以什么方式完成活动的。

二、运用能力障碍

运用能力在每个阶段都可能出现发展异常的状况。运用能力障碍分为一般的运用能力障碍、发展性运用能力障碍。另外，感觉统合功能异常造成的运用能力障碍是一种不同的障碍，涉及大脑处理感觉输入的问题。

案 例

6 岁男孩小强，日常表现为多动，注意力不集中，小动作不断，并经常干扰其他同学；协调能力差，经常摔跤、撞到别的小朋友或撞到门墙、桌椅上；跳绳、滑冰等显得笨拙有困难；生活自理不佳，吃饭时双手协调不良，饭粒撒得满地都是，穿衣、扣扣子、系鞋带等动作缓慢、笨拙。

（一）一般的运用能力障碍

一般的运用能力障碍也称发育性协调障碍（development coordination disorder，DCD），指的是个体因脑部受伤（尤其是受伤部位在左侧大脑的额叶或者顶叶时），而无法产生自主性或有目的性的动作的情况。有一般的运用能力障碍的个体，不仅无法执行新的动作，甚至连进行熟悉动作的能力也会受到干扰。

一般的运用能力障碍包括概念性的运用能力障碍（ideational apraxia）和动作性的运用能力障碍（ideomotor apraxia）。前种类型障碍者在执行活动时动作功能并无问题，但无法理解物体的意义和使用目的，如可以做刷牙的动作，但是不知道刷牙的时候要拿牙刷，可能会拿起梳子梳头发。虽然此类障碍者的动作功能尚且完整，但是由于无法用正确的工具执行动作，因此也会造成动作上的混淆。后种类型障碍者无法正确地去模仿简单的动作或者使用工具。例如，让此类障碍者模仿梳头发的动作，他就无法做出来。

（二）发展性运用能力障碍

发展性运用能力障碍是儿童在没有明显的肌肉或感觉障碍、智力障碍的情况下，对于执行学习的、有目的的、组织化的动作序列存在困难的状况。涉及运动技能的获取、规划和执行的障碍，不是由于肌肉功能障碍或不协调引起的，这种障碍一般是先天的，与大脑的发育相关。

（三）感觉统合功能异常造成的运用能力障碍

感觉统合功能异常造成的运用能力障碍包括两侧协调与顺序性动作障碍、自体运用能力障碍、口语指令运用能力障碍、视觉运用能力障碍、姿势运用能力障碍、口腔动作运用能力障碍及建构性运用能力障碍。

第三节　视觉空间与听觉处理异常

一、视觉空间能力障碍

视觉处理系统包括物体视觉系统和空间视觉系统。物体视觉系统可以看作和 what 相关的系统，主要是帮助我们辨认及记忆物体的特征，这部分能力由视觉系统内侧路径掌管；空间视觉系统可以看作和 where 相关的系统，主要是告诉我们物体和自我的关系，以便动作的进行，由视觉系统外侧路径掌管，通常是无意识发生的。简单来说，儿童的视觉空间能力可以分为在空间中移动的能力和空间认知能力。在空间中移动的能力依靠的是视觉、前庭觉和本体觉的整合，这些信息是由视觉外侧路径来传递的，告诉我们物体的位置、方向、大小和它有哪些部分；空间认知能力是整合来自视觉系统外侧路径、视觉系统内侧路径及前额叶皮质的信息。以下我们提到的视觉空间能力障碍包括在空间中移动的能力障碍及空间认知能力障碍。

案　例

斌斌平日学东西快，遗忘得也快。比如，把一个字出示给斌斌看 10 秒后拿开，斌斌凭记忆只能写出字的左边部分，右边部分默写不出来。这究竟是怎么回事呢？类似斌斌这样的孩子在儿童发育行为门诊十分常见，是什么原因致使儿童学习效率低、学习质量差呢？

（一）在空间中移动的能力障碍

视觉刺激的处理通常发生在大脑的皮质区，而触觉、前庭觉和本体觉的处理则在脑干中发生。因此，整合来自大脑皮质和脑干的刺激是可以成功执行动作的先决条件。视觉系统不能独立地去引导身体的动作，必须配合由不同感觉刺激整合所产生的身体概念，不断调整动作策略和动作内容。当我们移动时，视觉刺激会不断地更换，视觉和身体概念的整合可以帮助我们同时注意自己的动作和周围的环境。有此类障碍的儿童在穿越人群的时候特别困难，常常会摔倒或者撞到他人，抑或在日常生活中常常感觉身边的物体在移动，或者看书的时候感觉字在纸上跳动。有此类障碍的儿童也会在进行一些需要同时判断物体体积和速度信息的活动时有困难，如看到来临的卡车，会对其体积和速度产生错误的判断而有想要闯红灯的行为。此类儿童无法顺利转换二维与三维的视觉信息。因此，他们无法根据地图去找到相对应的路，也无法正确根据说明书去拼装模型，进而会在日常的生活自理、学业学习上有较大的困难。此外，在空间中移动的能力与伸手抓取物品、保持平衡、处理会移动的物体有关，影响儿童的学习与成长。

（二）空间认知能力障碍

儿童的空间认知能力与分辨事物之间的特征和联系、通过心理想象操纵事物、对线条角度的学习及建立良好的方向感息息相关。有此类障碍的儿童缺乏找路能力，因此不喜欢去陌生的地方，影响对生活环境的认识和生活形态的养成。此类儿童亦缺乏辨认物体相对关系的能力，无法顺利学习下棋、折纸、拼图、模仿画图、写字、堆积木等任务。

二、听觉处理能力障碍

听觉系统和前庭系统在结构与功能上有许多的联系。听觉和运动觉在脑干、视丘及边缘系统中整合，因此听觉系统和前庭系统可以帮助儿童去完成生活中大部分的活动。许多学者认为听觉系统和前庭系统信息的整合可以促进儿童在姿势、语言、发展惯用手及保持自主神经系统平衡方面的发展。当儿童获取了足够的前庭刺激时，他们的听觉处理能力也会改进。听觉处理能力是指儿童能够通过声音的定位、分辨、确认、解读、排序、比较等过程，有效地去处理所有来源的声音。有些具有听力障碍的儿童听力没有问题，但是无法在有多个音源的环境中去理解特定的声音的意义，如妈妈的指令或者广播里的声音。

听觉处理能力障碍儿童常表现出如下行为。

（1）常常不听从家长和老师的指令，因此被认为是不听话的孩子。

（2）在日常的学习生活中，注意力短暂且很容易分心，学习过程很容易中断。

（3）对较大的声音高度敏感，偶尔也会排斥突然出现的正常声音。

（4）在嘈杂的环境中容易感到不安和焦虑。

（5）对声音的注意力不一致，对于一些声音来说，有时候能够听到，有时候又听不到，而听力常常是正常的。

（6）需要花费更多的时间来理解别人在讲什么。

（7）讨厌去上学，人际关系不好且不喜欢与同学交往。

有视觉空间与听觉处理异常的儿童常常在阅读时不能集中注意力，容易错行或跳行；写作业时错别字比较多，观察事物时不能做到全面和细致，比较粗心；在与他人交流时，不能认真倾听，经常答非所问，还会出现口吃的现象，有时会自言自语甚至不能自控地大喊大叫；语言发展比较迟缓，词汇量储备少，有时候说话含糊不清，不能确切地表达自己的意思和情感。这些都会严重影响其日常生活和学业表现。家长发现孩子出现上述问题时，应带孩子去儿童发育行为门诊就诊。专科医生应根据评估，有针对性地设置治疗方案，以改善孩子的视觉空间与听觉处理异常情况。

第四节　大脑半球的功能异常

一、大脑半球的功能和侧化

1861年，布罗卡检查了两个有语言表达困难患者的大脑结构，发现左大脑后额叶的部分有损伤，后来这个区域被称为布罗卡区。这个区域与人的口语表达能力有关。1874年，韦尼克发现了大脑颞叶损伤会造成语言理解问题，尔后这个区域被称为韦尼克区。以上这两个区域就是语言区。随着对大脑功能的研究越来越多，我们认识到大脑左右半球在某些功能方面是各司其职并相互合作的，因此我们用“大脑侧化”来表明它们分别具有特定的功能。“侧化”指的是大脑各项功能和左右脑的关联性。有些功能和某一侧大脑关系较为紧密（如语言），我们就会说这个功能侧化得很明显。有些功能是平均地与双侧大脑相关，我们就说此项功能侧化得不明显。接下来我们来了解大脑左右半球不同的功能和掌管的行为。

（一）神经结构

大脑在结构上有不同的功能区域，左脑的功能区域比较集中，也就是类似功能的区域会连接在一起，以便帮助我们精确又高效地处理语言能力需要的信息。相反的是，右侧大脑的功能区域较为分散，功能无关的区域会聚集在一起，可有助于处理看起来不相关的信息。因为右侧大脑需要处理较多样化的信息，它就会比较依赖和大脑其他区域的神经联结。

（二）认知类型

左右脑处理信息的方式是不同的。左侧大脑是一步一步地按顺序处理信息的，因此对于观察和分析信息的细节较有优势，也有助于对一连串信息的记忆（如电话号码）。右脑是处理同时性及全面性的信息，比较有利于观察信息的整体性。无论是左脑还是右脑受伤的儿童，在画图时都有很大的问题：左侧大脑受伤的儿童画图时会过度简化并忽略掉很多细节；右侧大脑受伤的儿童虽然会描绘出很多细节，但缺乏整体性。此外，右侧大脑受伤的儿童非常不擅长模仿画复杂的图形，或仿搭积木。这也被称为建构性运用能力障碍（constructional dyspraxia）。此障碍不会随着儿童的长大而改善，而左脑受伤造成的画图问题会有一部分改进的空间。

（三）知觉能力

左脑受伤会造成语言能力障碍。右脑与处理非语言的信息（包括别人的脸部表情、环境中的声音、图形和结构）有关，尤其是处理和空间观念有关的信息，包括积木和拼图等活动。除此以外，右脑受伤的儿童身体概念也不好，不能进行需要用到身体概念的活动，如穿衣能力障碍。

（四）学业技巧

左侧和右侧大脑受伤的儿童在阅读方面会有问题，尤其是左侧大脑受伤的儿童的语言理解能力受损会更加明显，在听写活动方面也表现得不太好，认字能力也比同伴弱。在数学能力方面，左侧大脑受伤的儿童无论是在写算式还是心算上会有困难；右侧大脑受伤的儿童虽然计算能力还可以，但是在竖式演算时会出错，因为他们的视觉空间能力受损会造成他们无法正确排列及对齐数字。

（五）动作技巧

左侧大脑受伤会造成运用能力障碍。患者无法执行之前学习过的活动，对于一些口头指令不能进行恰当的回应，并且不能顺利进行有步骤的、有顺序的活动。右侧大脑受伤的儿童无法维持稳定的姿势和动作。因此，不管哪一侧的大脑受伤，都会使儿童在进行快速转换活动时有困难。

（六）情绪

研究者一致认为左侧大脑与正向情绪有关，而右侧大脑与负向情绪有关。当左侧大脑受伤时，儿童会比较沮丧、焦虑。右侧大脑受伤的儿童则会出现过分冷淡或者过分快乐的情绪，且不能了解别人的面部表情并具有情绪表达障碍，即使妈妈怒对他们，甚至用上气愤的语气，他们也无法察觉妈妈生气的表情。

二、学习障碍儿童的大脑分化异常与处理

长久以来，大脑分化异常被认为是造成儿童学习障碍的主因，然而至今仍未有一致的结论。但是可以确认的是，无论是左脑还是右脑半球异常的儿童都有可能会出现不同程度的学习障碍。

（一）左大脑异常可能出现的学习障碍

第一，主要会出现语言方面的缺陷及阅读困难，可能在复杂的数学计算方面也

有问题。第二，执行顺序性的精细动作有困难，如写字、系鞋带、扣扣子。第三，执行顺序性的粗大动作有困难，如跳舞及体育活动。第四，社会能力较差，会比较孤僻，因为这些儿童无法以恰当的方式沟通，所以会使用比较激烈的方式去吸引别人的注意。

（二）右大脑异常可能出现的学习障碍

第一，无法整合和组织在学校学习的信息，因此常常抓不到课文的重点，不能举一反三，无法由现有的知识去联想。第二，时间观念、金钱的概念及测量能力的学习很慢。第三，看起来好像很会讲话，但是仔细听这类儿童讲话的内容，不是一再地重复就是说一些术语或者令人难懂的词语。第四，注意力较不集中。第五，无法判断在什么场合需要用什么方式去应对，所以也会逃避许多新的情境。第六，需要用到视觉空间能力的活动都做得不太好，尤其是写字及画画等活动。第七，因为缺乏恰当的身体概念，做动作时会比较笨拙。

进行感觉统合评估时，我们常会一起评估儿童的左右脑功能。这样除了能让我们更全面地了解儿童的问题以外，更重要的是确认儿童的问题本质，以选择正确的治疗方式。如果儿童是单纯的大脑皮质功能受伤或者异常，那么感觉统合治疗方式并不能对儿童的问题产生实质性的帮助。我们来看另一种情况，左右脑异常的儿童常伴有感觉统合功能异常问题。比起普通儿童，他们经常出现触知觉不良，或者前庭—本体感觉处理能力不好的情况（如张力较低或者平衡能力不好）。在这种情况下，针对触知觉或者前庭—本体觉设计的感觉统合治疗就很有帮助，但也仅能改善这类儿童出现的感觉统合功能异常问题，而无法改善他们的大脑缺陷。这如同感觉统合治疗可以改善孤独症儿童的触觉防御问题，但是不能医治孤独症。

第五节　不同身心障碍儿童的感觉统合功能异常问题

案　例

6 岁男孩小文，在融合幼儿园期间，能进行基本的交流，但行为刻板；喜欢来回奔走，独自排列玩具，特别喜欢红色的东西；喜欢拥抱，喜欢亲吻别人的脸；对周围的人和事不关心或缺乏兴趣，注意力难以集中，无法进行眼睛对视。

一、孤独症谱系障碍

孤独症谱系障碍（autism spectrum disorders，ASD）是一组以社会沟通障碍、行为重复刻板以及兴趣狭窄为主要特点的神经发育障碍，可出现焦虑、抑郁、注意力不集中等心理行为问题。孤独症儿童因感觉调节或整合不佳而造成的问题包括如下几种。

（一）缺乏眼神注视

经常有家长反映，孩子根本不跟家人对视，无论是要东西还是提要求，孩子的眼睛都不知道在看哪里。这些也是困扰很多家长的问题，同时也是儿童进行正常社交的障碍。通常来说，眼睛注视对方给他人一种真诚的感觉，亦是社交的基本礼仪之一。如果在与他人互动时眼神躲躲闪闪，飘忽不定，则给他人一种不真诚、逃避的感觉。除了社交上的障碍以外，如果儿童缺乏一定的眼神注视，那么模仿他人的动作这一行为便很难做出来，如刷牙、洗澡、穿鞋、拉拉链、做游戏等。

眼神注视能力较差这一特征在孤独症谱系障碍儿童的发展早期已有所体现。普通儿童在观察他人时，通常将视线集中在眼睛、鼻子等中心特征上，而孤独症儿童则会把视线重点放在头发、衣服或其他背景物品上。孤独症儿童的小脑异于普通儿童，如小脑活化程度较低，或体积较小；小脑丘部（cerebellar vermis）已被证实与调节眼球扫描与追寻能力相关。眼神注视和追寻能力与注意力是息息相关的。我们的眼睛在目标刺激出现前，会先搜索环境中的各类线索，以便预测目标可能出现的位置。在这个过程中，枕叶、额叶、下颞叶皮质合作处理各种信息并产生持续性注意力，直到目标刺激出现。因此，眼神注视能力较差的儿童，常看起来像在发呆，无法将注意力持续集中在重要的事情上。

（二）刻板行为

有家长说："我们家孩子不知道怎么了，所有用过的东西都要仔细地原封不动地摆好。""我们家孩子每次去公园，都要沿着同一条路线走过去，如果从别的路经过就不能接受，必须回去再走一遍。"这种按照某种方式操作或者执行而无法自拔的行为，被称为刻板行为。固执、挑剔可能是对有刻板行为的儿童最多的评价。这可能是前扣带回皮质的反应监控机制出了问题，他们在行为后果不如预期时，无法发挥作用以侦测错误，并会释放出许多误差信号，这些信号使动作即使是正确的，也会被解读为错误的，所以他们会不断重复以达最佳的结果。除此以外，前扣带回等其他脑部区域的神经网络联系和互动不良也会影响孤独症儿童的行为认知控制能力与刻板行为。

（三）自我刺激行为

一些孤独症儿童会出现点头、转圈、摇晃身体、斜眼或眯着眼看东西，喜欢看闪烁的灯光或者旋转的物品，或喜欢触摸，或摩擦某些物品、做一些重复的肢体动作等，这些行为没有任何现实目的，且缺乏与外在环境的互动。从生理角度来讲，这些行为可能与大脑某些区域功能不佳或者发展受限有关。

（四）动作能力落后

孤独症儿童在眼球动作、粗大动作或精细动作方面的表现相较于普通儿童要差许多。孤独症儿童的大动作、精细动作、平衡与协调、口腔动作等功能相较于普通儿童要全面落后。孤独症儿童的动作能力与活动影响其学习能力和口语沟通能力。因此，应给予孤独症儿童适当的动作训练。当他们的动作表现越熟练、协调、灵敏时，其语言能力、认知能力越可能得到改善。

二、注意缺陷多动障碍

案　例

中班幼儿小康，没有规则意识，没有上下课的概念，上课时经常四处走动，打扰其他小朋友；注意力不集中，容易受身边的事物影响；自控能力差，常伴有某种习惯性小动作，如咬指甲、吸吮手指、抠鼻子等；语言发展迟缓，口齿不清，与老师、小朋友交流有障碍且脾气暴躁、易冲动。

注意缺陷多动障碍的临床症状为：注意力不集中、冲动和多动。虽然每个儿童的表现并不一致，但会有一些共性的行为问题，如赖床、做事拖拉、爱抢话、插队、吃东西时狼吞虎咽等。在这些行为出现时，儿童有时能意识到自己的问题，但似乎没有办法克制自己的行为。

（一）注意力不集中

注意缺陷多动障碍儿童无法将注意力集中在目前正在进行的任务中，注意力总会被周围的事物或者动作吸引。持续性注意力与大脑中的顶叶与额叶相关。相较于普通儿童，注意缺陷多动障碍儿童的两侧前额叶体积不足，顶叶—枕叶白质量较低，下顶叶灰质区密度较高，前扣带回活动过低，前额叶和右顶叶功能不良，神经传导因子（如调节警醒程度的5-羟色胺、肾上腺素）含量较低。这可能是注意缺陷多动障碍儿童注意力不集中的神经解剖证据。

（二）冲动

注意缺陷多动障碍儿童在冲动行为和冲动选择方面可能会出现问题。冲动控制能力是个体具有的一种控制自身的倾向与欲望，能避免产生有不良后果的行动。注意缺陷多动障碍儿童缺乏这种克制能力。例如，知道上课的时候不应该站起来，但是看到自己感兴趣的内容还是会站起来冲到老师面前表现自己；抑或知道红灯亮的时候要等一等，但是看到红灯亮了还是会忍不住过马路；等等。冲动选择指的是注意缺陷多动障碍儿童不能通过等待得到更多的利益，总是会选择立刻得到回报的行为。例如，老师给儿童两个选择，一个是等待 5 分钟奖励 5 颗糖果，另一个是立刻得到 1 颗糖果。一般来说更多的儿童愿意等待 5 分钟以获得更多的糖果，而注意缺陷多动障碍儿童总是迫不及待地想要得到糖果而选择立刻得到 1 颗。神经生理研究表明，前额叶皮层、基底核、多巴胺、5- 羟色胺可能与冲动行为有关。

（三）多动

多动行为包括儿童无法安静地参加游戏，无法按照老师的要求坐在椅子上。注意缺陷多动障碍儿童的执行功能和抑制能力都存在缺陷。神经生理研究表明，前额叶皮质，基底核的尾核、颞叶、顶叶、胼胝体等与其多动行为相关。

除以上方面的问题，部分注意缺陷多动障碍儿童还拥有感觉统合失调方面的问题，尤其是触觉防御方面。有些具有触觉防御障碍的儿童常常因别人无意间的触碰，食物、生活琐事不投其所好而大发雷霆甚至动手。幼年时期的触觉经验，对于儿童日后神经系统功能、动作发展、压力适应、情绪发展都有举足轻重的作用。若儿童能以恰当的方式调整各种感觉刺激，如触觉、听觉、嗅觉和前庭觉的功能，不仅有助于他们从容面对生活中的困难，还能提高与环境中各因素互动的效率，提高生活品质。

三、发展性协调障碍

具有发展性协调障碍的儿童的临床表现有以下几方面。①姿势控制能力不足，即平衡能力和手部功能不佳。②动作学习困难，即动作计划、控制及学习有问题。③感觉动作协调问题，即无法进行顺序性的动作，缺乏预测及恰当的动作策略。这些儿童的动作与其实际生理年龄和智力水平不相称。迄今为止，关于发展性协调障碍的神经生理研究还没有明确的结果，部分研究表明，小脑与基底核可能是两个与发展性协调障碍相关的神经生理基础。小脑普遍被认为与动作的协调控制、平衡、计划与学习相关。有研究者发现，发展性协调障碍儿童的时序控制机制可能出了问题，致使他们无法在恰当的时间点进行恰当的动作。基底核是过滤、抑制无关信号，并将目标信号传递至脑干、脊髓神经元的神经基础。尤其是高难度的动作更需要依赖基底核的帮助。发展性协调障碍儿童可能因为基底核功能不佳，会出现一些多余、非自主的动作，或在动作的顺序上出了差错，抓不到恰当的时机进行动作。

四、脑瘫

脑瘫（cerebral palsy，CP），亦称脑性瘫痪。脑瘫是一组表现为中枢性运动及姿势发育障碍、活动受限的持续存在的综合征，由发育中的胎儿或婴幼儿脑部非进行性损伤所致；常伴有感觉、知觉、认知、交流和行为障碍。脑瘫儿童除了有明确的中枢神经系统损伤外，也有以动作障碍为主的临床特征。脑瘫儿童的姿势及动作问题常常会妨碍他们进行感觉处理，这些姿势及动作问题包括以下几方面。①肌肉收缩不协调。肌肉协调性是所有动作产生的生理基础之一。当中枢神经系统受损，一个简简单单的动作，如要抹掉脸上沾到的一点饭渣，通过各种肌肉群的动作和中枢神经系统，很有可能会变成打自己一巴掌。②预期动作能力不佳。普通儿童在搬运物体时能够根据实际物体的情况来调整肌肉的状态，但脑瘫儿童因为缺乏大脑皮质控制及感受回馈受损，导致预期动作能力不佳，影响一些需要按顺序完成的操作。③姿势控制不佳。普通儿童遇到姿势变动时，肌肉的活动方向是由远端到近端肌肉群，所以在跌倒时会首先令脚或手这些远端肌肉群发力。脑瘫儿童刚好相反，他们会先让身体僵住，然后像一块木头一样直直地落下。④肌肉张力不正常。这是脑瘫儿童的显著特征，也是影响其动作的主要原因。⑤肌肉力量不足。脑瘫儿童因为无法以正确的方式进行动作，所以肌肉群缺乏正确的回馈和练习，长期的“用进废退”使脑瘫儿童的肌肉力量不足。⑥缺乏独立性或选择性动作。脑瘫儿童的肌肉收缩多为群体性的，如手部肌肉控制拿笔时，上肢所有的关节都收缩用力，但是大部分功能性的动作是属于独立性和选择性的动作，也就是各个关节的动作不一样。⑦感觉问题。脑瘫儿童常常会伴随感觉缺损，如视力、听力或其他感觉系统的问题，这些感觉缺损经常会使他们的知觉缺失（如视知觉功能不佳）。

此外脑瘫儿童的感觉功能异常包括以下方面。①感觉调节异常。他们有时过度敏感，有时又对该刺激没有反应。②感觉分辨异常。③感觉登录异常或对感觉刺激不够敏感。感觉登录异常的儿童无法专心完成活动任务，总是反应慢半拍，甚至无反应，看起来没有精神。但无论是感觉调节异常还是感觉登录异常，这些问题都会影响儿童的警醒程度和注意力，因此会进一步妨碍他们的学习。

职场实践

不同感觉统合训练模式对脑瘫儿童平衡功能的影响[①]

1. 感觉调节训练

（1）本体觉：利用球池、阳光隧道、重力背心等进行本体觉调节训练。设计情景游戏“摘水果 ”，训练儿童穿着重力背心从双层游戏平台“摘水果”—游过球池—爬过阳光隧道—将水果放入指定的篮筐。

（2）前庭觉：利用大笼球、平板秋千、内胎秋千、飞行悬吊滑行秋千、组合浮弹套件、手摇高低滑行平台 + 滑板等进行前庭觉调节训练。设计一系列竞赛类游戏活动，如设置攀爬、上下楼梯、过独木桥、跨障碍等的路线进行比赛，看谁先到达终点。

（3）触觉：利用软毛刷、软胶刷刷身等进行触觉调节训练。

2. 感觉辨别训练

（1）前庭—本体觉：利用组合攀爬套件、软件平台及楼梯组合、万象组合、平衡台等进行前庭—本体觉辨别训练。

（2）触觉—本体觉：闭眼识别物件（大小、形状、质地、冷热、软硬等）。

3. 感觉性基础动作训练

（1）动作计划训练：站于平衡台抛接球、俯卧于平板秋千将物体投入目标、跳羊角球、抓住动态中的球、踢移动的球等。

（2）双侧统合训练：平衡踩踏车、跳格子、推小车等。

以上训练每周 4 次，每次 40 分钟，3 个月为 1 疗程。

小　结

本章分析了感觉统合功能异常的几个主要原因，包括触觉防御、前庭—本体感觉调节异常、感觉系统反应不足、感觉系统分辨与知觉问题等；运用能力障碍分别介绍了一般的运用能力障碍、发展性运用能力障碍、感觉统合异常造成的运用能力障碍；视觉空间与听觉处理异常分别概括介绍了视觉空间能力障碍、听觉处理能力障碍不同的特点和行为表现；大脑半球的功能异常分别介绍

① 陈娟娟、徐纯鑫、丁兰艳等：《不同感觉统合训练模式对脑性瘫痪儿童平衡功能的影响》，载《中国康复医学杂志》，2020，35（5）。

了大脑半球的功能和侧化、学习障碍儿童的大脑分化异常与处理的特点和行为表现；不同身心障碍儿童的感觉统合功能异常问题介绍了孤独症谱系障碍、注意缺陷多动障碍、发展性协调障碍、脑瘫等与感觉统合功能异常的特征。

通过本章，学习者可以了解感觉统合功能异常的基础知识与异常的行为表现，为制定感觉统合训练的目标、内容、训练形式提供理论支持，对感觉统合失调及综合康复训练有积极的促进作用。

关键术语

感觉统合功能异常　触觉防御　前庭—本体觉调节异常　前庭—本体功能异常　重力不安全症　对动作嫌恶反应　运用能力障碍　发展性运用能力障碍　感觉统合异常造成的运用能力障碍　视觉空间能力障碍　听觉处理能力障碍　孤独症谱系障碍　注意缺陷多动障碍　发展性协调障碍　脑瘫

思考与练习

1. 感觉统合功能异常是什么疾病？

2. 警醒程度与感觉调节的关系是什么？警醒程度在感觉统合中发挥什么作用？

3. 如何理解触觉防御障碍？触觉防御障碍对儿童生活有哪些影响？

4. 前庭—本体觉调节异常包括哪些？

5. 重力不安全症和对动作嫌恶反应都有哪些行为表现？

6. 大脑分化不佳的行为表现有哪些？

7. 感觉系统分辨与直觉问题分为哪些？都有什么表现？

8. 案例分析：小东在幼儿园时没有规则意识，如做晨间操时看见什么都很好奇，喜欢用脚踢旁边的木马，故意踩前边小朋友的鞋子，不按照课间操的要求做，想怎么做就怎么做，做着做着就会跑到秋千架去荡秋千，玩滑梯，容易被其他事物吸引。天上飞来几只鸟，他就一直四处张望，老师提醒他，他也完全没有反应。课间操后他也迟迟不肯进活动室，也不去上厕所，四处走动。

请根据以上描述分析小东的问题是什么原因导致的，采用什么训练方式矫正。

9. 视觉空间能力障碍中在空间中移动的能力障碍与空间认知能力障碍有什么联系？

10. 大脑半球的功能和侧化有哪些？右大脑异常可能出现的学习障碍有哪些行为

表现？

拓展阅读

1. 包晔昀 . 感统失调幼儿人际交往的案例分析 . 读与写，2019（5）.

2. 包晔昀 . 感统失调幼儿人际交往问题的原因与对策探析 . 成才之路，2019（12）.

3. 辛薇 . 帮助感统失调幼儿适应集体生活的个案研究 . 山东教育，2015（35）.

4. 丁子凡 . 关于矫正感统失调幼儿的个案研究 . 新课程（综合版），2018（12）.

5. 瞿阳 . 培养孩子有效听的能力 . 学前教育，2007（11）.

6. 田绍海，赵国运，杨良秋，等 . 针对农村幼儿感统失调训练方法的研究 . 当代体育科技，2018（10）.

7. 陈欣 . 儿童感统失调训练案例分析 . 时代教育，2014（18）.

8. 俞淼 . 亲自然游戏，让孩子们的爱不断发生 . 好家长，2017（47）.

9. 王光凤，陈永向，李腊梅 . 基本体操对农村幼儿感觉统合能力失调干预效果研究 . 四川体育科学，2017（6）.

第四章
感觉统合训练原则与环境

学习目标

1. 熟悉游戏理论与感觉统合训练的特点，掌握游戏与感觉统合训练结合的意义。
2. 熟悉感觉统合训练的原则。
3. 熟悉感觉统合训练的环境布置。

思维导图

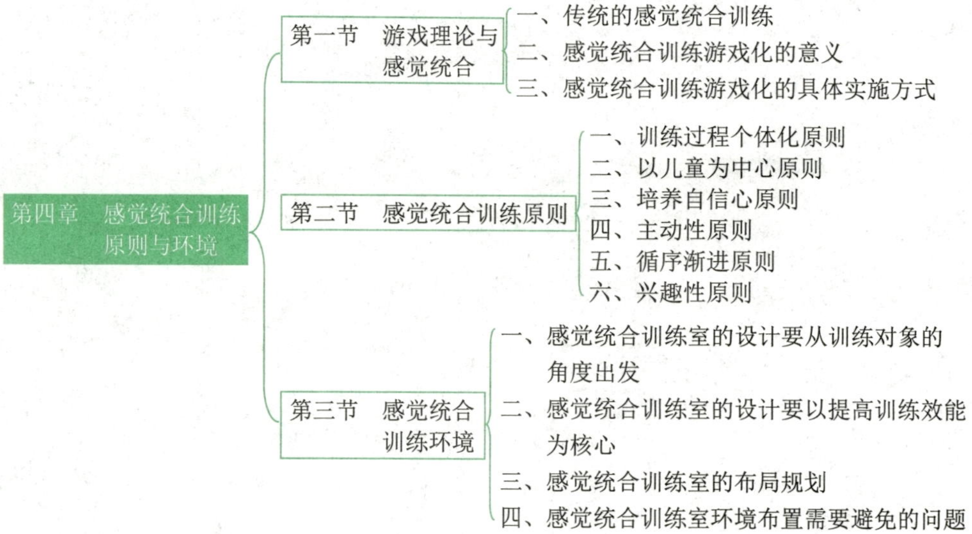

导　入

感觉统合训练有助于促进儿童身心机能的改善和恢复正常功能，训练要依据儿童的心理发展特点和学习方式，感觉统合训练应尽量避免由于训练方式单一或强制性对儿童心理造成的次生伤害。这就要求感觉统合训练工作者不断研究新的融合训练方式，在符合儿童认知与兴趣的前提下实施训练。近几年来，游戏在感觉统合训练过程中发挥着越来越重要的作用。

同时，感觉统合训练环境对儿童的影响日渐显著，不能忽视环境对儿童的作用。本章从游戏理论与感觉统合融合方面介绍感觉统合训练游戏化的意义、感觉统合训练游戏化的具体实施方式、感觉统合训练原则和感觉统合训练环境等内容。

第一节　游戏理论与感觉统合

一、传统的感觉统合训练

感觉统合训练旨在根据儿童的大脑和身体相互协调的需要，引导儿童对感觉刺激做出适当反应。其目的不在于增强运动技能，而是促进视觉、听觉、触觉等多种功能正常发挥，改善大脑对感觉信息的加工处理。

传统的感觉统合训练与游戏的融合较少，一般都是选好感觉统合训练器材后，一个接着一个训练。偶尔使用到的游戏也仅仅只是用作吸引儿童注意力、规范秩序、提高技能训练的工具性手段。传统的感觉统合训练利用感觉统合训练器材，由训练人员通过训练来改善现状。这样的训练，效果可能达到了，但是在这样的训练中儿童只是一个接受知识、技能的容器，被填充各种各样的内容，没有自主权和主动权。

二、感觉统合训练游戏化的意义

感觉统合训练和游戏作为两种不同性质的活动都具有各自的内在价值，对儿童发展都能起到重要作用。但是如果能把两者的价值相互融合，不仅能保证训练高效、高质完成，也能让儿童在游戏自主、轻松、愉悦的氛围中完成整个训练，为幼儿的自由创造和想象提供充足的空间。感觉统合训练游戏化的过程是训练与游戏相结合的有机统一。感觉统合训练游戏化的价值取向在于充分挖掘蕴藏于感觉统合训练与游戏两种活动中的共同价值，以发挥二者的共同作用，最大限度地实现二者对儿童发展的促进作用。感觉统合训练游戏化后，游戏不再是单纯的手段，而是贯穿在感觉统合训练的整个过程，对感觉统合训练效果的提升起到巨大作用。游戏将其自主、自由、快乐、愉悦的精神本质渗透到感觉统合训练的各个环节，使儿童在进行感觉统合训练的同时感到身心愉悦。

感觉统合训练游戏化能克服传统感觉统合训练中形式单调乏味、主题形式化等的不足，更加符合儿童的活动特点，有利于调动儿童参与活动的积极性与主动性。感觉统合训练游戏化重视内容的丰富性、趣味性与训练性的统一，能较好地促进儿童的情绪情感体验，有利于儿童身心全面发展。感觉统合训练游戏化可以获得更多的替代性材料，弥补感觉统合器材的不足。

感觉统合训练游戏需要遵从儿童的年龄特点，合理运用感觉统合训练器材，这样的感觉统合训练有利于儿童提高兴趣和坚持的持久性。此外，儿童感觉统合训练师要针对儿童的年龄特点，利用游戏形式，开展训练活动；对于单一的动作练习，可以利用一些玩具辅助训练活动；将各种训练器材组合起来，进行循环练习。

感觉统合训练游戏化追求的是感觉统合训练与游戏的优化整合，即在感觉统合训练过程中，感觉统合训练与游戏互为目的与手段，既应注重游戏的工具性价值，又应注重游戏的本体性价值。感觉统合训练游戏化是按照游戏的形式与本质特征来设计感觉统合训练活动，目的在于使儿童的主体性、游戏的精神等得以体现。在游戏化的感觉统合训练中，儿童虽然接受的是感觉统合训练，但获得的是兴趣性、自主性、胜任感、幽默感、愉悦感等游戏性体验。

三、感觉统合训练游戏化的具体实施方式

（一）感觉统合训练内容游戏化

感觉统合训练内容应该由感觉统合训练师与儿童商量后确定，而非训练人员直接决定后告知或强迫儿童选择。任何感觉统合训练内容可由儿童先行选择，之后再跟感觉统合训练师商量，根据实际情况做细微调整。

（二）感觉统合训练环境游戏化

感觉统合训练内容、材料、方式都可以由儿童自主确定，但是环境的创设就需要感觉统合训练师根据儿童的想法来精心打造。我们需要为儿童创设这样的一种环境：既能达到感觉统合训练的效果，又能让儿童感到轻松和愉快，使儿童获得一种游戏性体验，而不是被压抑着的训练。

（三）感觉统合训练过程游戏化

儿童自行决定对感觉统合训练主题和材料的选择，仅仅是体现其兴趣性和自主性的第一步。除此之外，感觉统合训练师在感觉统合训练过程中应给予儿童充分的自由空间。因此，在对儿童进行感觉统合训练时，感觉统合训练师应引导、指导儿童，切忌包办、代替、强行干预。

（四）感觉统合训练目的游戏化

游戏化的感觉统合训练本身即游戏的目的，游戏不追求感觉统合训练以外的任何目的。感觉统合训练游戏化要使儿童产生游戏性体验，也要符合游戏化感觉统合训练的内在目的性特征。儿童在游戏化的感觉统合训练过程中所付出的时间与精力

完全聚焦于感觉统合训练本身，这样才能激发儿童对感觉统合训练的积极性和主动性。如果儿童在感觉统合训练的过程中不能集中精力于感觉统合训练本身，而是过分追求外在物质奖励，那么这类感觉统合训练带给儿童的就不能算是一种游戏性体验，而更近似于竞技比赛带来的物欲与虚荣心的满足。

儿童感觉统合训练师设计的游戏任务要符合儿童的身心发展特点。儿童在面对超出自身能力而无法完成的任务时，往往会产生紧张和焦虑的心理，从而导致排斥、躲避甚至是攻击行为的产生。当儿童在面对低于自身能力、不具有挑战性和新颖性的任务时，又会产生厌倦、厌烦的情绪反应，表现出对任务不感兴趣和无视的行为。因此，只有当感觉统合训练的任务难度与儿童能力的“最近发展区”相匹配时——既具有一定的挑战性，需要儿童付出一定的努力才能完成，又在儿童的能力范围之内，通过一定的努力和付出可以完成——才能给儿童带来满足和愉悦，使儿童充分体会到自我价值和对任务的胜任感。

感觉统合训练游戏化的出发点与最终归宿都是儿童的发展需要。感觉统合训练游戏化的本质特征在于达到感觉统合训练效果的同时注重儿童游戏性的情绪体验。如果让儿童重复陈旧的训练模式，可能会让儿童产生抵触心理。感觉统合训练游戏化正是为了打破这种局限性，让训练变得有趣、变成儿童喜欢的活动。在游戏过程中，儿童表达出来的是积极情感，而不是被压抑的消极情感。在游戏过程中，儿童可以轻松自得地表达自己的内心情感——满足、愉悦、兴奋、激动等。

感觉统合训练游戏化的实质在于通过引入娱乐性的游戏改善枯燥、乏味的传统训练方式，激发儿童积极地投身到感觉统合训练活动中的热情。感觉统合训练游戏化的愉悦性是源于游戏设计的新颖、奇特以及游戏过程中的不确定性。正是基于这种特性，感觉统合训练与游戏实现完美结合，从而使儿童获得身心全面发展。

案　例

传统民间游戏中的感觉统合训练——跳房子

跳房子的游戏规则：

（1）站在起跳处，将小石块丢进第一个格子里，丢进去就可以开始跳。小石块一定要丢进格子里才有资格起跳。

（2）单脚（另一只脚抬起）跳进第二个格子，然后依格子数一直单脚跳到最后的终点。跳的过程中抬起的脚不可以落地，一落地就犯规，不能再跳，只能等下一轮。但是途中如果经过并排的格子以及终点时，可以双脚着地。

（3）以单脚跳方式由终点再依顺序往回跳。

（4）跳回到第二个格子时，弯身捡起第一个格子中的小石块，依顺序跳回起点。

（5）将小石块丢向第二个格子里，丢进了就重复第一次的动作；若没丢准或是犯规，就换下一个人玩。

（6）如果石块或脚不小心越界或压在线上也算犯规，必须停跳，让给下一个人，等轮到自己时再从犯规的格子处继续往下跳。

（7）一个人跳完全部格子之后，就有权利盖房子了。方法是背向格子，把石块掷入任何一个空格内，该房子即属于他了。写上自己的名字或代号之后，其他的人在跳跃时就须跳过此格，脚不可以落在房子内，但是房子的主人在房子内可以两脚并立。

（8）盖完全部房子之后，拥有最多间房子的人就是赢家。

点评：跳房子是儿童喜欢玩的一种集体游戏。“投”的动作能发展儿童的手眼协调能力，“单脚站立、单脚跳”的动作能发展儿童的平衡能力和本体觉。整个游戏不仅促进了儿童跑、跳、平衡等动作的发展，而且增强了儿童对身体的控制能力和耐力。儿童的大运动能力和精细运动能力都得到锻炼，认知方面的注意、记忆和思维能力都能得以提升，竞争、合作等社会性能力也得以发展。

第二节　感觉统合训练原则

一、训练过程个体化原则

儿童的生长发育是一个阶段性的连续发展过程，不同儿童的发展存在巨大的差异。每个儿童都是独特的，感觉统合训练不是一成不变的“大杂烩”，需要根据儿童的发展水平或者失调类型进行个体化训练。在进行训练时，儿童感觉统合训练师要根据儿童的年龄、性格、身体状况、喜好制定出相应的训练方案。

（一）感觉统合训练评估的个体化

感觉统合训练评估贯穿在训练的全过程。评估工作虽然有一定的模式，但面对不同个体还是有所差异的。训练前，儿童接受感觉统合本位的评估大致相同，但感觉统合以外的相关能力评估却存在很大差异，需根据儿童的问题，为制定个体化的训练方案提供依据。训练期间及训练结束需根据训练内容和目标有选择地评估相关能力，有针对性地评估训练的有效性，为训练方案的调整提供信息。

（二）感觉统合训练方案的个体化

感觉统合训练需制定个体化的方案，包括制定切实可行的目标，制订训练计划，设计适合个性发展的训练内容和进度，设计个别化的评估指标，切忌采取统一的训练标准、相同的内容要求和形式。

（三）感觉统合训练评估反馈的个体化

在训练过程中，儿童感觉统合训练师需要进行个体化的实时评估及阶段性评估。评估反馈重要的是依据训练目标，选择评估的内容和方式。评估反馈的个体化表现为根据一定的技术要求开展评估反馈，即评估要正确、客观，不能做错误的评估；评估要有重点，不要全而泛，要唤醒儿童的心理体验。

二、以儿童为中心原则

儿童一旦出现发育问题，家长应该积极应对。在感觉统合训练中，儿童感觉统合训练师要充分考虑儿童的身心发展特点，结合儿童的发展需要及发展能力设计训练方案、组织训练工作。儿童的生长发育在总体上遵循一定的规律，一般符合正态分布，各系统器官的发育也统一协调。因而在训练中，儿童感觉统合训练师要尊重儿童群体生长发育的基本规律，同时考虑个体差异性。儿童感觉统合训练师要理解并尊重儿童的差异性。儿童感觉统合失调问题各不相同，问题的性质、严重程度，训练的方式及其影响因素，训练的效果均会表现出差异性。儿童训练工作不存在一套适合所有对象的标准化方案，也没有一个具体时间表来达到目标。

儿童是训练的主体。尊重儿童在训练中的主体地位是调动儿童积极性的根本。当然，强调儿童的主体地位并不是忽视儿童感觉统合训练师的作用。儿童感觉统合训练师的主导作用仍然非常重要，不可缺少。训练中如果儿童出现主动性不强、注意力不集中、动作不规范、闹情绪等问题，儿童感觉统合训练师就要进行反思。儿童感觉统合训练师不要以个人的喜好或以成人的角度想当然地对待儿童的行为，要转变成儿童的需求和行动，训练工作才能够有效实施。因此，在设计训练内容时，儿童感觉统合训练师要充分考虑儿童的兴趣和可接受性，在实施训练时采取多种方式，保证训练的强度和难度要根据儿童当时的身体状况、情绪状态加以调整。

三、培养自信心原则

自信是一种很有利于感觉统合训练的心理素质。感觉统合失调的儿童在学习和生活中容易产生自卑感，所以儿童感觉统合训练师要用积极、正面的赞扬和肯定的目光鼓励儿童，让儿童感到成功的喜悦，帮助他们逐步培养对训练的信心。当儿童没能很好地完成训练时，训练人员千万不能在言语和行为上打击儿童，否则会使儿童参与训练的积极性大大降低。

（一）接纳儿童

参加训练的儿童基本上没有社会经验，当他们来到一个陌生且不确定因素很多的环境时，会不由自主地产生紧张、不安和渴望被别人接纳的心理。只有被别人接纳时，儿童才能获得安全感，这是一种本能的需要。渴望被接纳的心理在训练初期表现得十分显著。儿童感觉统合训练师必须熟悉这种心理状态，并与儿童建立融洽的训练关系。这样才能帮助儿童消除自卑的心理，促进训练活动的开展。儿童被接纳的程度决定着训练的效果。所以，儿童感觉统合训练师要在每一次训练中调控自己的言语和行为，用温和的态度、愉快的表情、温柔的话语、积极的沟通、善意的接触等方式给儿童传递一种积极接纳的信息。同时，儿童感觉统合训练师不能用一种高高在上的态度命令儿童训练，这会让儿童产生抵触心理。如果儿童感觉统合训练师对儿童表现出不耐烦和拒绝的言行，就会伤害到儿童的自尊心，影响儿童训练的积极性。

（二）让儿童感到被重视

在训练过程中，有些儿童感觉统合训练师会更注重训练的规范要求和操作要领，而忽视了儿童本身实践的过程。儿童“察言观色”的能力非常强，他们在按照要求完成任务的同时，还会时刻关注儿童感觉统合训练师对自己的态度，并且非常希望自己能受到重视。而儿童一旦感觉自己受到的重视程度不够，就会认为是儿童感觉统合训练师不喜欢自己，导致自信心受到严重挫伤，甚至还会因此产生强烈的抵触情绪，拒绝训练。儿童感觉统合训练师要通过言语、目光、表情、姿势、做记录等途径来向儿童传达一种儿童被重视的态度。特别是开展集体训练时，儿童感觉统合训练师更要时刻关注每一个儿童训练的全过程，力求做到“平等重视”。

（三）经常肯定儿童的表现

培养儿童自信心的另外一个重要方式是经常对他们进行真诚的表扬和鼓励。这样儿童才能知道自己的所作所为是否有意义，并逐步认可自己的能力，获得训练的动力。在训练中，儿童感觉统合训练师要发现儿童的不足之处，也要把儿童的闪光点看在眼里，并试着从成功的细节中提出儿童需要进一步完善的方面。所以，必要的成功体验能很好地推动训练的开展，给儿童带来参与训练的动力，给家长带来心理上的慰藉，让儿童、家长、儿童感觉统合训练师三者之间产生更好的配合，从而让感觉统合训练的效果更加显著。

四、主动性原则

训练活动能否持续并取得一定的成效，关键在于儿童参与训练的主动性。训练的主动性是儿童对训练的内在需求，是基于对训练意义的认识、训练过程的快乐体验以及成就感积累而表现出的内在驱动力。在感觉统合训练中，主动性原则表现为积极参与活动并努力改变现状的内在愿望，主动、自觉、独立和创造性地开展训练。感觉统合训练的主动性原则强调重视儿童在训练中的主体地位，充分发挥儿童的主观能动性，避免儿童感觉统合训练师及家长在训练中过度保护、不合理的支持甚至无谓的替代等。激发主动性、提高主动性是儿童训练必不可少的，也是训练成效的重要表现。

五、循序渐进原则

儿童身体机能的成熟、功能的完善是一个阶段性的渐进发展过程。对于某种行为动作的形成，要受到人体生理机能的制约，以及条件反射、分析综合、逻辑思维规律的支配。所以，感觉统合能力不是在短期的训练中就能形成的，需要一个循序渐进的发展过程。循序渐进原则主要体现在以下几个方面。

（1）训练难度，总体应该呈现由简单到复杂的递增趋势。在训练刚开始时，强度不宜过高，否则很容易让儿童产生排斥心理。尤其是一些感觉统合问题比较复杂的儿童，可能在接受几次训练后就会消极应对，甚至拒绝参与。相反，多进行一些比较简单的训练能够充分调动儿童的积极性，在儿童适应之后慢慢增加训练难度，会有事半功倍的效果。

（2）训练内容，由单一领域的专项训练发展到多个领域的整合训练，逐步提高儿童各感觉通道之间的信息交流和整合，以及感觉与动作间的协调与反馈。

（3）训练方式，由被动训练逐渐过渡到以主动训练为主，使儿童在掌握正确操作要领和安全保护技能的基础上，逐步提高参加训练的主动性。

（4）评价反馈，由训练初期的发现优点，注重鼓励、表扬，发展到全面评价、注重细节等。

六、兴趣性原则

兴趣是最好的老师，感觉统合训练同样也需要培养儿童的兴趣。感觉统合训练是具有一定训练周期的综合干预过程，需要训练对象克服一系列困难。一些低龄儿童或者伴有认知缺陷的儿童很难理解坚持的意义，但对于自己感兴趣的事情可以坚持进行下去。儿童的一切教育和训练活动都特别强调兴趣。

积极参与才能确保感觉统合训练取得成效。如果儿童对训练项目的某些环节一时做不到，儿童感觉统合训练师要耐心引导，让儿童逐步掌握各项技能，变被动训练为主动训练，提高儿童对技能的把握能力，体验训练的快乐。适时变化训练的内容是提高训练兴趣的基本策略。

小贴士

儿童感觉统合训练师的“师德与师风”

儿童感觉统合训练师作为促进儿童健康发展的指导人员，应秉承遵纪守法、恪尽职守、平等对待、尊重差异、认真观察、合规操作、尊重隐私、耐心指导的职业守则。

首先要尊重差异。由于感觉统合失调儿童在行为发育中多存在各种各样的问题，与普通儿童存在客观上的差异。儿童感觉统合训练师应平等对待感觉统合失调儿童，在训练中认真观察儿童行为的每一个细节，洞悉背后的心理需求，予以科学训练指导、合规操作，遵循“三不原则”，即不体罚、不训斥、不谩骂，耐心指导处于不同阶段的儿童。其次要尊重儿童及家庭隐私。由于工作需要，儿童感觉统合训练师需要多方位了解儿童，包括出生方式、成长背景及家庭生活环境等信息。儿童感觉统合训练师要守口如瓶，不与工作之外的任何人谈论训练儿童的任何信息，不将工作中拍摄的训练视频、训练图片发布在任何媒体上或转发给亲朋好友。在与家长沟通时，对训练儿童秉承不诋毁、不评判、不贴标签的沟通原则，以客观、尊重、热情、信任的态度与家长讨论，达到家校共育。

同时，儿童感觉统合训练师应熟知《中华人民共和国未成年人保护法》《中华人民共和国残疾人保障法》《中华人民共和国教师法》等相关法律法规，学习《托育机构保育指导大纲（试行）》《3—6 岁儿童学习与发展指南》《幼儿园教师专业标准（试行）》《中小学教师职业道德规范》等规范性文件，从法律法规角度提高自己的法律认知水平和规范自己的行为，提高自己的师德与师风水平，以育人为本，积极促进儿童的行为改变和健康发展。

第三节　感觉统合训练环境

感觉统合训练环境多种多样，感觉统合训练有机构训练、家庭训练、学校训练以及日常活动训练四种途径。通常感觉统合训练主要在机构的感觉统合训练室内进行。规范建设和科学使用感觉统合训练室日益成为职业院校、特殊教育学校、康复训练机构、托育机构、幼儿园工作的重要内容。

一、感觉统合训练室的设计要从训练对象的角度出发

感觉统合训练室的建设要从儿童的角度整体规划，以确保建成的感觉统合训练室符合儿童的身心特点、发展规律和发展需要；感觉统合训练室的设计要考虑到训练对象多伴有不同程度的认知、言语和社会技能等方面的障碍。所以，感觉统合训练室的建设不只是训练设备在物理空间中的简单排列，而是为儿童训练活动提供有效支持的教育环境。同时，感觉统合训练解决的问题以及感觉统合训练设备的特点决定感觉统合训练室的规划有别于其他康复训练室，有自身的专业要求。适合的训练设备较多，占地面积较大，需分区排布。

二、感觉统合训练室的设计要以提高训练效能为核心

感觉统合训练室设备购置应讲求实用性和有效性，根据机构训练对象的实际需要配置，避免重复配置或无效配置。训练室应进行合理的功能区划，将不同类型的设备安置于不同区域，满足多名儿童的训练需要，提高设备及训练室的使用率。训练室的布局既要紧凑、相互联系，有效利用场地空间，又要考虑设备间的不相容性，避免训练活动意外事故的发生。

（一）要重视感觉统合训练环境对儿童的影响

环境对人的学习活动有非常重要的作用。感觉统合训练室要提高环境的亲和力，让儿童在感觉统合训练室中感到亲切、温馨。感觉统合训练室固定的环境要体现固定的教育器械，为训练活动提供多重教育支持。

（二）要重视感觉统合训练对儿童的保护

感觉统合训练室的建筑用材、室内装修用料及其他训练用品应选用环保材料，避免对训练室内的环境造成污染，以确保相关人员的身体健康。训练室内外环境及其训练设备既要对学生具有保护作用和支持功能，又要避免过度保护。对于危险性相对较大的活动区域需铺设地毯，墙壁、墙角适度软包。

小贴士

感觉统合训练室的安全防护

由于感觉统合失调的儿童本身在平衡能力、协调能力等方面发展不足，加上多动、注意力不集中，在活动中容易受到意外伤害，因此感觉统合训练室的设计要秉持安全第一的原则，从设计开始规避安全隐患。

1. 建筑与装修安全

（1）地面安全。感觉统合训练室地面一般采用木制地板、PVC 泡沫地垫或地毯材质，或根据不同的训练功能区选用不同的地面材质。一般情况下感觉统合训练室先全部铺设实木地板或复合地板，地板采用纵向排列的方式铺设，即与教室的长边平行；浪桥悬吊区、平衡木区的地面可铺设地毯；海洋球池的地面可选用 PVC 地垫。

（2）墙面。感觉统合训练室墙面一般采用墙体软包处置，1 米以下做防撞软包角，窗户采用全体推拉式，并在窗口安装防护栏杆。

（3）电源插孔。按照《托儿所、幼儿园建筑设计规范》的要求，安装高度不应低于 1.8 米。

2. 区域布局安全

感觉统合训练器材较多，但要考虑每个区域之间的关联和训练过程中的安全性。区域布局一般采用中空、边固、小角和幅度相渐的原则。中空，即教室的中间区域预留较大空间摆放可移动训练器材，如万象组合、平衡步道、摇滚圈、平衡踩踏车、森林派对、活力体能系列或球类；边固，即浪桥、大滑梯、晃动平衡木等设备要放置在靠墙的固定位置；小角，即小型训练器材放置在训练室角落，

如沙池、蜗牛平衡板、建构探索积木、小积木类、88 轨道等；幅度相渐，是指区域布局要根据训练活动的运动幅度大小由静及动、小近大远的原则，保证各区域之间不会因活动相碰撞，规避训练活动中意外伤害的发生。

三、感觉统合训练室的布局规划

感觉统合训练室的室内规划涉及训练室面积、各训练室分隔等总体布局。室内规划要科学合理地安排室内物理空间，确保训练环境符合儿童的心理、行为特点，以及训练设施的有效利用。

（1）感觉统合训练室要有足够的面积。感觉统合训练室的设备较多，有大型设备，如浪桥、滑梯、海洋球池等，占地面积大，位置相对固定；也有大量的中小型设备，如大笼球、花生球、羊角球等球类。因此，训练室场地面积要足够大。

（2）感觉统合训练室要分隔区域。当感觉统合训练室面积在 120 平方米以上时，可将其分隔成主辅两部分。主要训练室面积要大，存放儿童常用的大型感觉统合器械。由于感觉统合训练设备较多，因此须合理排布，以保证有足够的训练空间，避免设备相互干扰。首先，充分利用训练室周边场地放置各种设备，确保训练室的中心区域有足够的活动空间。其次，训练时会发生撞击、干扰的设备需安置在不同区域，这样不同儿童在不同设备上同时训练时就不会发生安全问题。最后，训练项目可以相互衔接的设备宜临近放置，这样同一儿童可以相继完成不同项目的训练。辅助训练室的面积为 20 ～ 40 平方米，具有多种辅助功能。辅助训练室可以存放与当次训练无关的中小型设备，以增加训练的安全性和活动组织的有效性，防止儿童分散注意力。

（3）感觉统合训练室要有训练成果展示区。感觉统合训练室最好设置儿童训练成果展示区域，张贴参训儿童的训练照片，展现参训儿童的训练成绩以及训练进展情况，这样可以起到鼓励儿童、督促儿童感觉统合训练师的重要作用。训练成果展示区应该设置在引人注目的地方，便于家长及管理人员督查。

家庭训练、学校训练及日常活动训练虽然不是儿童进行感觉统合训练的主要场所，但可以辅助儿童进行各项感觉统合训练。训练内容主要以游戏性互动训练为主，训练环境要有趣味性，训练器械要简单或者不需要器械。比如，触觉训练可以选用家庭日常活动常见的毛巾、吹风机。前庭一本体觉失调儿童可以在学校操场上进行体操锻炼。

职场实践

幼儿园感觉统合训练室的规划

幼儿园感觉统合训练室是为3～6岁幼儿提供的特色功能教室。通常选用多功能室或大教室作为感觉统合训练室，室内一般采用通体布局，分三个区域。第一个区域为门庭入口区，第二个区域为综合活动区，第三个区域为浪桥区域和两翼区域。

（1）门厅入口区。该区域用于放置鞋柜，本周训练计划表（小班、中班、大班分龄），成果展示。

（2）综合活动区。该区域一般不设置固定设施设备，主要安排徒手训练活动以及小型器材的训练项目，如球类活动、平衡类活动、本体类活动等。选用的器材便于取放和收拾整理。

（3）浪桥区域。该区域一般放置浪桥等不便移动的大型训练设备。浪桥主要由A字形不锈钢或铁架、吊台、吊马、吊兜等前庭功能训练设备组成。

（4）两翼区域。该区域一般放置滑梯、平衡木和海洋球池等相对固定的训练设备。滑梯一般与教室的一侧平行，以保证有足够长的滑道；平衡木放置在教室的另一侧；海洋球池放置在教室墙角处，与蹦床、沙箱并放。

四、感觉统合训练室环境布置需要避免的问题

（1）避免室内外的人流过大。感觉统合训练室一般不设置在交通汇聚的区域附近，以免室内外的人流过大产生噪声等干扰儿童训练。

（2）避免感觉统合训练室内光线过亮或过暗。感觉统合训练室光线要适中。光线过暗，影响儿童训练的视觉判断及心理状态，可能会对儿童的安全造成威胁及影响儿童的训练效果。光线过亮会使感觉统合训练室内的训练设备加速老化，影响儿童使用。同时，在训练时活动量较大，直射光使室内温度更高，会使儿童出汗增多，加快疲劳。强光刺激还会干扰儿童感觉统合训练师及儿童的视觉感知，影响训练过程。

（3）避免感觉统合训练室的通风不良。感觉统合训练室的通风要好，以便儿童在活动中进行充分的气体交换。儿童在训练中的活动量大，需要的氧气量大，良好的通风可以不断提供氧气，确保儿童及儿童感觉统合训练师健康。

小　结

感觉统合训练与活动环境创设是感觉统合教育的重要组成部分，分为训练环境和游戏活动环境。两者可分区创设，也可交叉融合。感觉统合训练环境应符合儿童的发展特点，根据训练目标设计的环境可以提高训练的效果、儿童参与的积极性。

本章介绍了感觉统合训练原则与环境，阐述了感觉统合训练和游戏的不同，叙述了感觉统合训练游戏化的意义和具体实施方式。

感觉统合训练的原则强调了训练过程个体化、以儿童为中心、培养自信心、主动性、循序渐进、兴趣性六大原则。训练环境创设着重介绍感觉统合训练室的设计、布局规划及感觉统合训练室环境布置需要避免的问题。

关键术语

感觉统合游戏理论　感觉统合训练原则　感觉统合训练环境

思考与练习

1. 感觉统合训练游戏化有什么好处？

2. 感觉统合训练原则有哪些？

3. 感觉统合训练环境如何设置？

4. 感觉统合游戏场景的设计原则是什么？

5. 如何根据训练目标创设儿童期待的训练或游戏环境？

6. 请为 3 岁以下婴幼儿设计家庭感觉统合训练环境。

7. 请为幼儿园感觉统合训练室设计环境及布局规划。

8. 某职业院校要建设一间 200 平方米的感觉统合实训室，请你根据课程需要和学生应掌握的感觉统合训练技能要求配置设备、器材，进行室内规划。

模块二　实践应用篇

第五章 感觉统合功能评估

学习目标

1. 了解早期筛查的价值。
2. 了解标准化测评的条件及意义。
3. 了解感觉统合评估的过程。

思维导图

- 第五章 感觉统合功能评估
  - 第一节 早期筛查的价值与认识标准化测评
    - 一、早期筛查的价值
    - 二、标准化测评的意义
    - 三、认识标准化测评
  - 第二节 感觉统合治疗的使命与感觉统合评估的过程
    - 一、感觉统合治疗的使命
    - 二、感觉统合评估的过程
  - 第三节 分龄感觉统合能力发展
    - 一、皮亚杰认知发展理论
    - 二、分龄感觉统合能力发展历程

导 入

在幼儿园，即使是在同一个班，幼儿的各方面能力也各有不同。要想为每个幼儿提供个性化、有针对性的活动内容，教师需要具备感觉统合评估知识与技术。班里如有早产、癫痫、语言发展迟缓、多动等行为问题的儿童，园方可通过有效的评估，了解实际情况，有效预防意外的发生；同时让教师做出相对应的配合，共同促进幼儿发展。

第一节 早期筛查的价值与认识标准化测评

一、早期筛查的价值

从 20 世纪中期至今的很多研究显示，感觉统合功能失调在各类发展障碍的儿童中快速增加，其中以孤独症谱系障碍儿童较为明显。

从 20 世纪中叶开始，有关发展迟缓与学习障碍儿童的早期筛查与治疗问题，已先后成为各国高度关注的课题。

儿童越早接受治疗与复健训练，越能得到具体实质的指导。

未经早期鉴定的特殊儿童，大部分都要等到入小学后数年，才被识别出来，学习能力落后两个学年度之后，才能成为特殊教育的对象。

从早期鉴定与矫治的临床方面观察，原本脑神经细微障碍（minimal brain damage）的儿童，如果太晚被鉴定出来，各式各样的负面问题会附带出现，包括学业不良导致的种种情绪问题，以及儿童年龄较大才展开治疗的疗效降低等。

表面的行为问题如多动、注意力缺损等，其实属于脑部发展问题，而且不同类型的儿童脑部发展障碍彼此间有高比例的共病症（comorbidity）存在。要及早处理，问题才能得到控制和改善。

对于早期发展迟缓的儿童，可预期他们日后在学业上会出现问题，即儿童于学龄前在感觉、动作、语言等领域的表现，是他们于学龄期在阅读、拼字、书写等方面表现的有效预测因子。

儿童有潜伏障碍的因子。例如，被筛查出异常的新生儿（如先天性甲状腺功能减低症、苯丙酮尿症等），早产儿，以及尚未发病但有家族基因异常的儿童，如孤独症谱系障碍、学习障碍等，应纳入提醒尽早检查的对象。

未及早被鉴别出有学习障碍的儿童的共病情绪障碍及社会障碍的比例极高。他们在人际互动和自我概念上的问题导致不少人未来会出现混乱的行为，甚至成为青少年罪犯。

由于大量的临床研究报告的影响，早期筛查与早期疗育在持续发展。

二、标准化测评的意义

（一）以测评的客观数据让家长认清事实

家长疼爱自己的孩子，总是放大其优点，忽视其缺点，往往无法客观发现问题或在心理上排斥孩子有感觉统合失调问题。

经验少的教师无法看出问题，经验多的教师可能会觉得儿童发展有问题，但无法说清楚。所以只有客观的、数据化的标准化测评结果，才能让家长认清事实，也让教师能确切了解儿童的问题所在及严重程度。

（二）测评的目的在追求质量

测评是感觉统合治疗过程的重要环节。如同爱德华兹·戴明（W. Edwards Deming）所提的戴明环（Deming cycle），按观察、计划、执行、查核与行动（Observation-Plan-Do-Check-Act，OPDCA）流程，循环调整策略与行动，以确保达到目标，并进而促使质量持续提高。其中，观察等同初期测评，查核相当于治疗过程的再次测评，作为后续治疗调整的依据。

儿童接受一段时间的训练后，可通过数据化的标准化测评结果了解训练在什么方面有成效，哪些方面须改进。

三、认识标准化测评

针对测评主题问题，邀请该领域的资深专家，确定该主题问题考查的各项能力，描述测评的题目，并将各能力列出等级；将测验目的、施测工具、标准化施测程序、能力分级的描述，编制成测评手册。针对测评主题问题考查的年龄阶段，依据测评手册，收集一定数量个案的数据，统计出平均数、标准差，形成常模（norm）。

（一）标准差

每项能力的常态分布是以图的形式呈现每个个案测评数据的分布情形，具有以下特性。

以平均数为中线，构成左右对称的钟形正态分布（参考图 5-1）。

（1）测评数据的范围为负无限大至正无限大之间。

（2）变相的平均数、中位数和众数为同一数值。

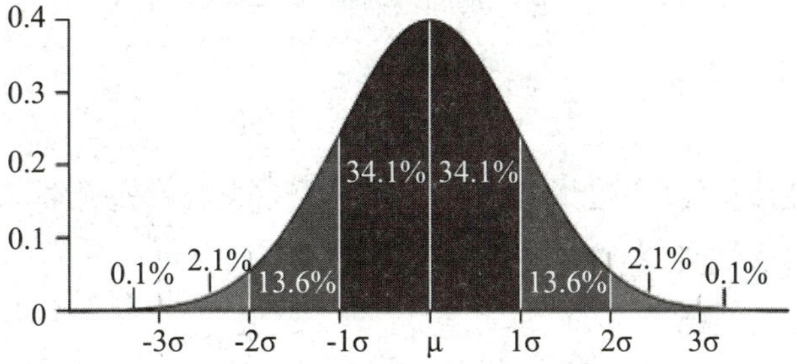

图 5-1　钟形正态分布

注：深色表示 ± 1 个标准差之间所占比例，中间色表示 ±2 个标准差之间所占比例，浅色表示 ± 3 个标准差之间所占比例。

（3）标准差：68.2% 的数值落在平均数 ±1 个标准差之间，95.4% 的数值落在平均数 ±2 个标准差之间。

（二）百分位数

将数据依照分数排序，利用累积相对次数，用 1%，2%，3%，…，99% 将资料分成 100 等份，称该资料的第 1，2，3，…，99 百分位数。如第 75 百分位数表示成绩超过 74% 的人，低于 24% 的人。

（三）百分等级

在参加人数众多的测验中，将所有测验者的数据平均分为 100 个群体，每个小群体为一个等级，共分为 100 个等级，被称为百分等级，并以 PR 值表示。即 PR = 0，PR = 1，PR = 2…，PR = 99，共 100 个等级。习惯上不使用 PR = 0，而是将最低的 2 个小群体合并为 PR = 1，P_{50} 为中位数。

第二节　感觉统合治疗的使命与感觉统合评估的过程

一、感觉统合治疗的使命

感觉统合发展是儿童发展的重要基础，影响儿童的日常行为表现和身心健康发展。

（一）科普教育

如何将感觉统合理论应用于儿童早期教育中，如何在日常生活中识别并及时帮助感觉统合失调儿童是家长、婴幼儿照护机构的保育人员、幼儿园教师、社会工作人员以及医疗保健专业人员应掌握的基本技能。

科普教育在提升公众对感觉统合重要性的认识方面发挥着关键作用，使其能够在日常生活和专业工作中应用这些知识，以便发现并及时将儿童转介给专业人员进行评估和干预。

（二）评估

儿童感觉统合训练师通过深度面谈、感觉统合失调检核表辅助、临床观察、感觉统合测评等，了解儿童的感觉统合失调状况。

（三）治疗（干预）

儿童感觉统合训练师依据感觉统合测评的结果，设计有针对性的治疗方案，提供个性化的感觉统合训练，以减轻、改善，甚至消除儿童的感觉统合功能失调状况，提升感觉统合失调儿童的环境适应力、人际互动能力及生活品质。在治疗过程中，儿童感觉统合训练师仍需定期测评，适时调整治疗方案。

二、感觉统合评估的过程

感觉统合评估的过程包括深度面谈、填写感觉统合失调检核表、临床观察和感觉统合标准化测评。

（一）深度面谈

儿童在成长过程中是由家长照顾与陪伴的，家长的教养观念、态度与方法影响儿童的发展。所以通过与家长会谈，发现问题，指导家长调整教养方式是帮助儿童走向健康、摆脱失调的契机。

通过初次接触，访谈者应掌握哪些人是儿童的核心照顾者。面谈要想成功，其要诀包括邀请到核心照顾者，面谈前诠释主题内容，以便引导面谈方向与掌握重点，最后请面谈家属签名，以示重视。

1. 面谈对象

安排面谈对象时最好能邀请到家中所有照顾儿童的核心家人参加。例如，儿童的关键照顾者白天是奶奶，晚上和假日是父母，爷爷不直接参与照顾行动，但说的话会影响奶奶的照顾态度与行为，最好都能一起参加面谈。专业人员能从面谈过程中发现导致儿童感觉统合失调问题的源头，并适时介入化解家人之间的分歧，使家人在照顾态度与方法上达成共识。

2. 面谈先倡导感觉统合教育

感觉统合失调属于隐形障碍，一般人因为缺乏感觉统合知识，观察不出来身边有感觉统合失调者，所以儿童的家人需了解相关知识。此外，人们都很排斥自己或家人被冠以失调的标签，认为这样会低人一等，也怕这个标签永远摆脱不掉。所以要告知家属，感觉统合失调并不罕见，如果不面对、不处理，到成年期仍会持续出现感觉统合失调问题。及早评估问题类型及严重程度，给予有针对性的训练，可以改善症状，甚至消除问题。感觉统合知识重点可参考表 5-1。

3. 面谈重点与记录内容

面谈重点在了解儿童的出生史、新生儿筛查结果、发展史、平日家人对儿童的教养态度与方法、家人的教育与社会背景、不同家人对儿童问题关注的着眼点，以及不同家人对儿童未来的期待。

这些内容对分析儿童感统失调的原因具有关键性的作用，不能省略。最后要请家人在面谈记录上签名（如表 5-2 所示），以示知无不言、所言为真，并对未来愿意执行达成共识，许下承诺。

表 5-1 感觉统合知识重点

<table>
<tr><th>理论基础</th></tr>
<tr><td>第一，0 ～ 25 岁是个体脑部发展的黄金期。
<table><tr><td>第一黄金期</td><td>0 ～ 3 岁</td></tr><tr><td>第二黄金期</td><td>3 ～ 6 岁</td></tr><tr><td>第三黄金期</td><td>6 ～ 10 岁</td></tr><tr><td>第四黄金期</td><td>10 ～ 15 岁</td></tr><tr><td>第五黄金期</td><td>15 ～ 18 岁</td></tr><tr><td>第六黄金期</td><td>18 ～ 25 岁</td></tr></table>
适当的感觉刺激是脑部成长的营养。促进感觉统合的健全发展，即奠定脑部运作的基础，能够使儿童在德、智、体、美、劳五育方面健康发展。
第二，感觉统合发展良好的儿童，学习动机强，专心，有耐性，动作灵巧，耳聪目明，人缘好，情绪稳定，身体健康。</td></tr>
<tr><td>潜能开发、知己知彼、百战百胜，
早期发现、防微杜渐、创造后来居上契机</td></tr>
<tr><td>第一，感觉统合是儿童发展的基础。
人通过前庭觉、本体运动觉、触觉、视觉、听觉、嗅觉、味觉，以及身体内感觉八种感觉，了解自己的身心状态，以及外在环境、人、事、物的信息。脑部处理感觉刺激的过程，需过滤、促进、组织与整合，以掌握情境，适应环境，发挥所能。</td></tr>
<tr><td>第二，感觉统合失调。
当儿童的大脑缺乏感觉刺激的输入（感觉剥夺），或被过量的感觉刺激时，大脑可能无法正常运作，儿童可能出现注意力不足、多动、学习障碍、发展迟缓，甚至精神失常等问题。
除了外在环境，有的问题源于个体本身的感觉统合功能失调。抑制功能差产生过度反应现象，如触觉防御、注意力分散、躁动、情绪失控等；或促进功能差产生反应不足的现象，如触觉迟钝、表情呆滞、提不起劲、情绪低落、孤僻等。</td></tr>
<tr><td>第三，感觉统合失调的发现率。
学龄儿童中感觉统合失调率为 5% ～ 16%，失调程度从轻微到严重。父母如能提供适当的感觉统合刺激，可促进儿童脑神经发展。如果在早期发现儿童感觉统合失调，应展开早期疗育，感觉统合治疗为其中重要的项目之一。</td></tr>
<tr><td>第四，感觉统合功能检核。
感觉统合失调常常被忽略，所以需专业人员通过面谈、检核、标准化测评了解儿童的感觉统合发展状况。儿童感觉统合发展面谈表、儿童感觉统合失调检核表是为面谈、检核而设计的。</td></tr>
</table>

表 5-2　儿童感觉统合发展面谈表

一、基本数据

儿童姓名：________　性别：□男　□女　填表日期：________年________月________日

学校名称：________　班别：________　出生日期：________年________月________日

排行：________　孩子人数：________人　年　龄：________岁

填表者：____________　与儿童关系：____________　教育程度：____________

手机：________________　微信号：________________　电子邮箱：________________

地址：______省______市______区______路______号______楼

转介来源：□听演讲　□读者　□朋友　□网站　□学校　□媒体　□其他______

二、母体孕育

孕育期：□健康　□打安胎针，第____周躺床____周　□子痫症（高血压、水肿、蛋白尿）

□前置胎盘　□忧郁　□常发脾气　□压力大　□其他________________

怀孕期：____星期　□按照预产期　□早产____星期　□晚产____星期；出生体重____斤

三、生产史

生产方式：□自然产　□真空　□产钳　□无痛分娩　□剖宫产　□其他________

出生时：□马上哭　□缺氧，脸发紫　□严重缺氧，需急救　□其他________

待保温箱：□无　□有，________天。

新生儿黄疸：□无　□轻度（6 天以上）□中度黄疸，需照光　□严重黄疸，需换血

四、生长发展史

□母乳　□配方奶　□混合　____个月吃辅食　____岁____月断奶　___个月抬头

___个月翻身　___个月坐　__个月爬行　__个月走路　__个月说话

五、疾病史

□不清楚

先天疾病：□无　□先天性心脏病　□癫痫　□气喘　□过敏性鼻炎　□先天性甲状腺功能减低症　□半乳糖血症　□葡萄糖 -6- 磷酸脱氢酶缺乏症（蚕豆症）　□先天性肾上腺皮质增生症　□庞贝氏症　□典型法布瑞氏症　□严重复合型免疫缺乏症　□芳香族 L- 胺基酸类脱羧基酶缺乏症　□脊髓性肌萎缩症　□高雪氏症　□黏多糖贮积症 I 型　□生物素酶缺乏症　□苯丙酮尿症　□地中海贫血症　□其他______________

目前服药：□无　□有　药物类型：□过动　□癫痫　□过敏　□其他________________

六、教养的背景

0～6 岁期间主要养育者：□父母　□祖父母　□亲戚　□保姆　□有执照者　□无执照者____

□其他______________

养育者的教育程度：□无　□小学　□初中　□高中（中职）　□专科　□本科　□研究生

教养方法：□严格——__责打、__责骂、__隔离　□放任　□情绪化　□有原则

父亲：年龄________岁　职业________________　职称____________

教育程度：□无　□小学　□初中　□高中（中职）　□专科　□本科　□研究生

教养方法：□严格——__责打、__责骂、__隔离　□放任　□情绪化　□有原则

续表

母亲：年龄________岁　职业________________　职称____________
教育程度：□无 □小学 □初中 □高中（中职） □专科 □本科 □研究生
教养方法：□严格 —— __责打、__责骂、__隔离 □放任 □情绪化 □有原则
生活空间：□大厦公寓二楼以上 □一楼 □利用空间活动 □去儿童游乐场玩
七、承诺
为给孩子创造更好的未来，以上与孩子成长相关的信息充分且正确，并无遗漏。承诺未来愿以今天面谈达成的共识，帮助孩子顺利成长！
承诺人：____________、____________、____________、____________
签署日期：________年________月________日

（二）填写感觉统合失调检核表

感觉统合失调检核表是家长或机构教师观察、检测儿童是否有感觉统合失调问题的有效工具。家长寻求咨询时，先提供详细的感觉统合失调检核表（详见表5-3），让家长有充裕的时间，在不同情境观察孩子，如此可提升家长对孩子问题的理解。

不能把感觉统合失调检核表当成诊断的唯一依据，因为家长不是专业人员，检核表题目也不是为精确分析失调而设计的，居于辅助地位。唯有经过专业训练的专业人员使用标准化测评才能做出诊断。做完感觉统合标准化测评后，将其结果与家长填的检核表对比，会发现有些问题是家长观察到的，有些项目孩子没有问题却被家长认为有问题，有些项目测评出有问题却被家长忽略了。[①]

表5-3　感觉统合失调检核表

1. 将最近半年孩子出现以下行为的频率分五个等级勾选（√）。（如果老师填写，则请画△）
2. 若尚未发展或未观察到，请空白。
3. 如仅出现部分现象，请在叙述下画线，如不喜欢骑木马、荡秋千、玩跷跷板。
4. 若孩子过去曾发生以下行为且持续半年以上，目前已不再发生，则勾选后圈起来。

一、嗅觉

题号	行为表现	总是（100%）	经常（75%）	有时（50%）	偶尔（25%）	不曾（0）
1	除了母亲的气味，其他气味都讨厌。					
2	总是以嗅闻的方式来认识东西。					
3	异常地喜欢闻发出浓臭的东西，如臭水沟、臭鞋子等。					

① 高丽芷：《感觉统合：修练脑部》，40～49页，台北，信谊基金出版社，2018。

续表

题号	行为表现	总是（100%）	经常（75%）	有时（50%）	偶尔（25%）	不曾（0）
4	因厌恶臭气，拒绝上卫生间（□公共卫生间 □亲友家 □自家）。					

二、味觉

题号	行为表现	总是（100%）	经常（75%）	有时（50%）	偶尔（25%）	不曾（0）
1	偏食（□奶类 □蛋豆鱼肉类 □五谷根茎类 □蔬菜 □水果 □油脂类）					
2	讨厌吃软的食物，如海参等。					
3	讨厌吃脆的食物，如炸鸡等。					
4	讨厌吃硬的食物，如番石榴等。食物都用果汁机打碎来喝。					

三、触觉

题号	行为表现	总是（100%）	经常（75%）	有时（50%）	偶尔（25%）	不曾（0）
1	讨厌戴帽子、洗脸、洗头、理发等。					
2	讨厌穿毛料、麻料衣物，套头衣服，或在草皮垫、沙滩、草地上散步。					
3	讨厌被碰触、抚摸、拥抱。					
4	对他人不经意的碰触，情绪反应很大或攻击对方。					
5	在排队或拥挤的场合，显得焦躁不安，刻意保持较大的距离。					
6	洁癖，手或身体避免接触认为脏乱的东西，如颜料、泥土等。					
7	对疼痛的反应过度。					
8	过了两岁，仍爱吸手指或衣角，把手或东西放入口中。					
9	手过分喜欢东摸西碰各类东西。					
10	咬指甲，抠指甲旁边的皮。					

续表

题号	行为表现	总是（100%）	经常（75%）	有时（50%）	偶尔（25%）	不曾（0）
11	过度靠近他人，随便碰触周围的人，即使是不认识的人。					
12	喜欢身体强烈的刺激，如肢体过大碰撞，撞墙、撞人、打架等。					
13	对疼痛很迟钝或很慢才感觉到痛；意外碰伤流血，自己未察觉。					

四、前庭觉

题号	行为表现	总是（100%）	经常（75%）	有时（50%）	偶尔（25%）	不曾（0）
1	不喜欢被举高；怕跨越水沟、爬高、搭乘电动扶梯；恐高。					
2	不喜欢骑木马、荡秋千、玩跷跷板。					
3	不喜欢由背后被抱着摇晃或旋转；怕坐旋转木马等设施；容易晕车。					
4	一再反复攀爬、跳跃、自高处跃下。					
5	一再反复玩摇晃的游戏，如荡秋千，坐椅子爱摇晃、翘起椅脚等。					
6	一再玩旋转的游戏，如自己转圈、坐咖啡杯和云霄飞车，不觉晕眩。					
7	平衡感差；跌倒时容易撞到头。					

五、粗大动作

题号	行为表现	总是（100%）	经常（75%）	有时（50%）	偶尔（25%）	不曾（0）
1	腿无力；容易跌跤、碰撞到人或桌椅、墙壁。					
2	动作缓慢、笨拙；容易被绊倒。					
3	翻身、坐、趴、站、走、跑等发展迟缓。					
4	坐姿不良，手支头、头趴桌上；站姿不良，垂头、驼背、凸肚。					
5	学习骑木马、爬架子等很慢，动作不利落。					

续表

题号	行为表现	总是（100%）	经常（75%）	有时（50%）	偶尔（25%）	不曾（0）
6	双脚跳、单脚跳、跳远、跳高等做不好，动作笨重。					
7	有扁平足；脚内八；脚外八；踮脚尖。					
8	执行全身费力活动时，出现不必要的小动作，如脸部扭曲、抽搐。					
9	进行打球、跳绳、骑车、跳舞等需要操作技巧的活动时有困难。					
10	容易感到累。					

六、精细动作

题号	行为表现	总是（100%）	经常（75%）	有时（50%）	偶尔（25%）	不曾（0）
1	手无法紧握东西，或只握几秒就掉落。					
2	手的力量不稳定，拿东西容易失手掉落。					
3	力量使用不当，容易把东西弄坏。					
4	惯用手尚未建立或建立缓慢；需使用双手的活动，却只用一只手。					
5	很少玩需要用手精细操作的玩具或游戏。					
6	拿汤匙、拿筷子、用剪刀等操作学得慢、做不好。					
7	扣扣子、拉拉链、系鞋带、穿各式衣服等学得慢、做不好。					
8	握笔不正确；写字慢，不会用力或过度用力，写字歪斜，字丑。					
9	学做家务（扫地、洗碗等）花时间比较久，做家务质量较差。					

七、听知觉与语言沟通

题号	行为表现	总是（100%）	经常（75%）	有时（50%）	偶尔（25%）	不曾（0）
1	容易被突发但并不太大的声音惊吓到。					

续表

题号	行为表现	总是（100%）	经常（75%）	有时（50%）	偶尔（25%）	不曾（0）
2	容易被环境中的噪声干扰无法专心，或情绪失控。					
3	异常地喜欢听重复的声音，如冲马桶的水声、拍球的声音等。					
4	重听、听力障碍；大声喊叫、说话声音过大。					
5	语音分辨不清，听错意思（如买—卖）。					
6	以“啊”回应对方的话，需对方再说一遍；或毫无反应。					
7	听觉接收不全，漏听部分内容。					
8	听的速度慢，对方讲太快就无法完全接收，需对方讲很慢才听得懂。					
9	听觉理解差，听不懂别人说话的意思，需要一再解说。					
10	听觉记忆差，交代的事马上忘记，需不断重复指令。					
11	超过一岁仍然流口水；咀嚼能力差；不喜欢吃纤维多的食物。					
12	不发声或很少牙牙学语；很晚才会说话；口齿不清；口吃。					
13	自言自语；答非所问。					
14	语言表达差。					

八、视知觉

题号	行为表现	总是（100%）	经常（75%）	有时（50%）	偶尔（25%）	不曾（0）
1	对光敏感，喜欢待在阴暗处。					
2	眼睛不灵活；眼前的东西不容易找到；追视移动中的物体有困难。					
3	在人多、色彩缤纷的场所变得过于兴奋。					
4	分辨颜色、形状困难。					

续表

题号	行为表现	总是（100%）	经常（75%）	有时（50%）	偶尔（25%）	不曾（0）
5	玩迷宫、拼图、建构立体积木、绘图、构图的能力差。					
6	把数/文字念或写成上下或左右颠倒，如9—6，79—97，哈—合口。					
7	念书/抄书易漏字或跳行；因阅读而眯眼、揉眼睛、流泪、头痛。					
8	左右混淆不清；方位距离判断差；容易迷路或迷失方向。					

九、体内感觉

题号	行为表现	总是（100%）	经常（75%）	有时（50%）	偶尔（25%）	不曾（0）
1	喘不过气、心跳过速、心律不齐等。					
2	胸闷、呼吸困难等。					
3	食欲缺乏、恶心、胃痛、打嗝、呕酸水、消化不良、呕吐等。					
4	上腹疼痛、腹部胀气、腹泻等。					
5	尿频、尿急、尿痛、解尿困难等。					
6	解便困难、便秘等。					
7	四肢冰冷，皮肤干燥（嘴唇、指甲旁等），疲倦，乏力等。					
8	头痛、头晕、头昏、肩颈僵硬等。					
9	入睡困难、浅睡、易醒、噩梦连连、睡眠质量差、过早醒等。					
10	感冒不断、伤口容易感染、伤口不易愈合等。					

十、注意力与活动量

题号	行为表现	总是（100%）	经常（75%）	有时（50%）	偶尔（25%）	不曾（0）
1	注意力容易被环境中无关的刺激分散。					
2	注意力难以集中；注意时间太短。					

续表

题号	行为表现	总是（100%）	经常（75%）	有时（50%）	偶尔（25%）	不曾（0）
3	活动量大，爱跑个不停；即使坐着，手、脚动个不停，无法安分。					
4	难入睡，睡眠时间短。					
5	废话太多，爱插嘴。					
6	冲动，无法等待，不遵守规则，不能三思而行。					
7	容易过度兴奋、激动；爱发脾气；乱摔东西；咬人；打人。					
8	做事不耐烦。					
9	注意力难做必要的转移。					
10	兴趣偏狭且偏执，如只对火车、机器人或恐龙有兴趣，其余免谈。					
11	很难清醒，睡眠时间过长。					
12	特别不爱动。					

十一、学习表现

题号	行为表现	总是（100%）	经常（75%）	有时（50%）	偶尔（25%）	不曾（0）
1	缺乏好奇心，缺乏学习兴趣。					
2	做事草率，应付了事。					
3	对自己相关的事毫不关心。					
4	做得不对，却自觉做得很好。					
5	不愿独立做事。					
6	做事没次序，一团混乱。					
7	反应很慢。					
8	反复练习多次，却难看到进步。					
9	唱数、点数、数数、加减数概念差；数学学习困难。					
10	注音、拼音困难；认字困难；错别字多。					
11	阅读理解差；造句、作文差；数学应用问题理解差。					

十二、情绪心理

题号	行为表现	总是（100%）	经常（75%）	有时（50%）	偶尔（25%）	不曾（0）
1	很容易因突发的刺激受到惊吓，如声音、影像等。					
2	不管是用奶嘴、玩具，还是妈妈的声音安抚，都无法冷静下来。					
3	爱哭闹。					
4	无预期地突然改变情绪，发脾气。					
5	执着、苛求。					
6	缺乏自信。					
7	受挫即放弃。					
8	实际上并无病痛，但经常说头痛、肚子痛等身体不适。					
9	忧郁、无助感；焦虑、恐慌；睡眠障碍。					

十三、人际互动和社会适应

题号	行为表现	总是（100%）	经常（75%）	有时（50%）	偶尔（25%）	不曾（0）
1.	除了母亲，对他人都拒绝；不会交朋友，被动。					
2.	自我中心，行为幼稚。					
3.	察言观色能力差。					
4.	与他人互动不注视对方，对他人没兴趣，缺乏同理心。					
5.	适应环境能力差。					
6.	不合群，孤僻。					
7.	被攻击时不会自我防卫。					
8.	行为夸张，故意吸引他人的注意。					
9.	言行令人生气、厌恶，被他人排斥。					
10.	用言行攻击他人。					

补充说明：

（三）临床观察

临床观察可随时进行，而且每项所需时间都不长，即使是注意力缺损的儿童大多也可接受。如果儿童的合作性高，可按项目的顺序进行。

（1）临床观察工具包括计时秒表、指偶、瑜伽软垫、两张有靠背的椅子（座椅高度分别到施测者和受测者小腿的高度）。

（2）临床观察项目包括眼外肌力、手臂肌力、手腕灵活度、拇指灵活度、上肢本体觉、舌头灵活度、听知觉记忆、发音清晰度、龙伯格测验、全身肌张力、腿部灵活度。

（3）临床观察的应用。完成临床观察后，再配合标准化测评的结果，做分析报告。但有少数儿童无法配合标准化测评，只能单纯用临床观察做粗略的判断。有的儿童甚至连临床观察都无法配合，此时可将儿童带入感觉统合训练室，从旁观察儿童对哪些感觉统合设备感兴趣、对哪些设备没兴趣，或探索哪些设备后被引发的感觉刺激吓到。

（四）感觉统合标准化测评

测评是职能治疗的一项重要的作业。职能治疗师采用标准化测评工具时应考虑的层面包括适合个案年龄、特质适配性、评估工具的向度、内容设计的细腻度、快速省时和有常模可比对等。[①]

我国台湾地区的调查显示，职能治疗师经常使用的标准化测评工具为视觉动作统整发展测评（the Developmental Test of Visual Motor Integration，VMI），粗大动作 / 精细动作 / 认知发展量表为经常使用的非标准化测评工具。

幼儿教育关注的儿童年龄在 3 ～ 6 岁，下面介绍在我国取得知识产权的标准化测评——KSIA 幼儿感觉统合测评。

1. KSIA 幼儿感觉统合测评的特色

KSIA 幼儿感觉统合测评纳入幼儿发展需关注的多元面向，如表 5-4 所示。

表 5-4 KSIA 幼儿感觉统合测评涵盖的面向

面向	①精细动作协调 ②认知能力 ③视知觉 ④触觉辨识
	⑤听觉记忆 ⑥发音清晰 ⑦听觉理解与语言表达
	⑧本体运动觉 ⑨粗大动作控制与协调 ⑩动作计划 ⑪前庭平衡觉

2. KSIA 幼儿感觉统合测评的目的

KSIA 幼儿感觉统合测评的目的为全面评估幼儿的感觉处理能力，包括触觉、视

① Bunny，A.C. & Lane，S. J.，*Sensory Integration：Theory and Practice (Third Edition)*，Philadelphia，F.A. Davis，2019，pp.250-251.

觉、听觉、味觉、嗅觉，以及身体定位和运动感知等感觉系统的处理能力。

基于测评结果，可以早期识别儿童在感觉统合方面可能存在的问题或障碍，为每个儿童制订个性化的干预和治疗计划提供依据。同时测评还可以用作监测工具，帮助家长和专业人员跟踪幼儿在感觉统合方面的发展进度，及时调整干预策略。

3. KSIA 幼儿感觉统合测评的对象

KSIA 幼儿感觉统合测评针对 2 岁 6 个月到 5 岁 5 个月的幼儿所设计，分 6 个组别，使用不同的测评方式及常模可以精准掌握幼儿的发展水平。

4. KSIA 幼儿感觉统合测评的施测训练

测评师使用 KSIA 幼儿感觉统合测评前，必须先接受感觉统合临床经验丰富、教师级职能治疗师的实操训练，再针对不同年龄层的幼儿施测。

第三节　分龄感觉统合能力发展

一、皮亚杰认知发展理论

皮亚杰（Jean Piaget）是 20 世纪最具影响力的心理学家之一，他提出了认知发展理论。该理论是皮亚杰通过观察自己的三个孩子整理而成的，将认知发展分成四个阶段（见表 5-5）。

表 5-5　皮亚杰的认知发展阶段

阶段	认知发展重点
第一阶段	感觉动作期
第二阶段	前运算期
第三阶段	具体运算期
第四阶段	形式运算期

儿童发展阶段指的是儿童在不同年龄阶段随着脑部、身体发育所具备的能力，又称发展里程碑。

二、分龄感觉统合能力发展进程

人脑 90% 的发展在 0 ～ 6 岁完成。幼儿园每个班内的儿童年龄差距，少则几天，大则近一岁。年龄差距会反映在幼儿的情绪、行为、动作协调及学习能力等方面。尤其在托班和小班，儿童发展的差异大，且广泛。

因此，教师要了解每个儿童的年龄及特点，对每个儿童因材施教，让儿童在无不当压力下快乐成长。

依据神经系统发展的阶段性特点，儿童的感觉统合能力发展大概经历三个阶段。

（一）感觉统合萌芽阶段（0 ~ 3 岁）

感觉统合能力是与生俱来的。从胚胎发育阶段开始，母亲的活动和环境影响就开始塑造胎儿的触觉、前庭觉、本体觉以及听觉和味觉等感觉系统的发展。出生方式也对儿童早期的感觉统合能力发展产生影响。剖宫产可能对母婴关系、新生儿脑的功能、感觉学习以及感觉统合能力发展产生不利的影响。此外，婴幼儿期的养育方式也对感觉统合能力的发展有显著影响。生命早期的 1 000 天内，各种经历和行为都对儿童的全面发展有重要影响。

（二）感觉统合发展阶段（3 ~ 6 岁）

3 ～ 6 岁是感觉统合发展的关键期。这一阶段儿童的生理功能进一步成熟，中枢神经系统初步具备了整合各种感觉信息的能力。这个阶段的本体觉、触觉、前庭觉、视觉、听觉、嗅觉和味觉等感觉系统的刺激程度，对身体运动的协调性、感知—动作协调性、注意力、语言发展、自控力和情绪控制的发展至关重要。幼儿阶段是儿童身体快速成长和机能快速发展的阶段，也是形成安全感和乐观态度的重要阶段。《3-6 岁儿童学习与发展指南》提出的健康领域培养目标，如平衡能力、动作协调性、力量和耐力、手的动作协调等，与感觉统合训练的目标一致。3 ～ 6 岁是感觉统合训练的重要阶段。

（三）感觉统合应用与巩固发展阶段（7 岁至青春期）

学龄阶段是感觉统合能力的应用和巩固发展阶段。在这个阶段，运动器官和能量代谢的提高以及中枢神经系统的成熟，使大脑的信息处理和区域间的信息整合能力逐渐完善。早期未唤醒或发展不足的感觉统合能力可能在这一阶段以学习困难等形式表现出来。如果感觉统合能力在关键期错过了最初的刺激，它在新的环境中仍可能进行自我修复和发展。这一时期是纠正感觉统合能力偏差的最后机会，特别是在儿童 12 岁之前，感觉统合能力仍在调整和发展过程中。

小　结

幼儿入园后，家长需要教师提供科学教养的建议，期待幼儿园能因材施教。

感觉统合评估就是教师与家长沟通的重要依据。教育部发布的《幼儿园入学准备教育指导要点》《小学入学适应教育指导要点》，强调幼儿教育不再提早教幼儿认字、写字和灌输记忆性的知识，而应让幼儿学习生活上的自理、听觉专注、动作协调、语言表达、情绪控制、视觉判断，以及人际互动等知识。大量研究证实，这些与入园后的适应与学习成就具有高度相关，这正反映了早期筛查的价值。此外，幼儿园里难免会发生异常事件。研究发现，容易发生异常事件的儿童通常有感觉统合失调问题。所以筛查出这类儿童，有针对性地加以训练，对儿童、家长和幼儿园三方来说都是非常有必要的。

感觉统合标准化测评的实际意义，是将感觉统合发展关键年龄应该发展的各项功能予以分类，并将各项能力分等级，设计测评程序及测评工具，汇编成施测手册，同时收集此年龄段大量儿童的测评结果，经统计分析，取得平均值与变异数，形成常模。教师可依此判断个案的感觉统合发展在同龄儿童中的表现，用数据呈现，通过与家长合作，积极促进儿童发展。

关键术语

早期筛查　标准化测评　正态分布　标准差　百分位数　百分等级　感觉统合评估　深度面谈　感觉统合失调检核表　临床观察　认知发展　感觉动作期　发展里程碑

思考与练习

1. 早期筛查的价值何在？如何说服家长重视早期筛查？
2. 孩子的标准化测评成绩落在 -2.0 标准差，代表的意义是什么？
3. 如何进行感觉统合失调检核表？
4. KSIA 幼儿感觉统合测评程序是什么？
5. 感觉统合失调检核表怎么操作？

拓展阅读

高丽芷．感觉统合：修练脑部．台北：信谊基金出版社，2018。

第六章

感觉统合训练方案

学习目标

1. 掌握触觉功能训练的内容和方法，熟悉触觉功能训练的生理基础及注意事项。

2. 掌握重力不安全感训练的内容和方法，熟悉重力不安全感训练的生理基础及注意事项。

3. 掌握前庭—本体觉训练的内容和方法，熟悉前庭—本体觉训练的生理基础及注意事项。

4. 掌握视觉空间能力分辨与知觉问题训练的内容和方法，熟悉视觉空间能力分辨与知觉问题训练的生理基础及注意事项。

思维导图

- 第六章　感觉统合训练方案
  - 第一节　触觉功能训练
    - 一、触觉功能训练的生理基础
    - 二、触觉障碍儿童的表现
    - 三、触觉功能训练途径
    - 四、触觉功能训练内容
    - 五、触觉功能训练方法
    - 六、触觉功能训练强度控制
    - 七、触觉功能训练的注意事项
    - 八、触觉功能训练项目的实施方法
  - 第二节　重力不安全感训练
    - 一、重力不安全感训练的生理基础
    - 二、重力不安全感儿童的表现
    - 三、重力不安全感训练途径
    - 四、重力不安全感训练内容
    - 五、重力不安全感训练方法
    - 六、重力不安全感训练强度控制
    - 七、重力不安全感训练的注意事项
    - 八、重力不安全感训练项目的实施方法

- 第六章　感觉统合训练方案
  - 第三节　前庭一本体觉训练
    - 一、前庭一本体觉训练的生理基础
    - 二、前庭一本体觉障碍儿童的表现
    - 三、前庭一本体觉训练途径
    - 四、前庭一本体觉训练内容
    - 五、前庭一本体觉训练方法
    - 六、前庭一本体觉训练强度控制
    - 七、前庭一本体觉训练的注意事项
    - 八、前庭一本体觉训练项目的实施方法
  - 第四节　视觉空间能力分辨与知觉训练
    - 一、视觉空间能力分辨与知觉训练的生理基础
    - 二、视觉空间能力分辨与知觉问题儿童的表现
    - 三、视觉空间能力分辨与知觉训练途径
    - 四、视觉空间能力分辨与知觉训练内容
    - 五、视觉空间能力分辨与知觉训练方法
    - 六、视觉空间能力分辨与知觉训练强度控制
    - 七、视觉空间能力分辨与知觉训练的注意事项
    - 八、视觉空间能力分辨与知觉训练项目的实施方法

导　入

依据感觉统合功能评估数据，依次对各项评定指标进行分析，为儿童制定与之相适应的感觉统合训练方案，是开展感觉统合训练的关键环节。儿童的年龄、感觉统合发展水平、感觉统合失调的功能区域，如身体运动协调障碍、身体平衡功能障碍、结构和空间知觉障碍、触觉防御障碍、视听觉及语言功能障碍等是制定感觉统合训练方案需要考虑的因素。

本章从触觉功能训练、重力不安全感训练、前庭一本体觉训练、视觉空间能力分辨与知觉训练四个常见的感觉统合训练介绍训练内容和方法。

第一节　触觉功能训练

一、触觉功能训练的生理基础

与人体其他感觉器官相比，触觉感受器是分布较广、类型较多的感受器，这与它承担多种功能相适应。触觉是儿童早期认识世界的主要途径，并在人的一生中起着非常重要的作用。在个体胚胎发育期以及出生后的早期，如果触觉功能发展异常，就会给个体多方面能力的发展带来不利影响。在各类特殊儿童中，触觉功能异常有一定的普遍性。所以，触觉功能训练是感觉统合训练的基本内容之一。

小贴士

表 6-1 感觉统合训练室和器材训练功能一览表

名称	功能	发展领域				
		肢体动作	前庭平衡	感官知觉	精细动作	创意互动
滑梯	在水平和垂直方向两个维度上刺激前庭觉，用于提高平衡能力、头颈及躯体运动、动态控制和消除心理紧张等方面的训练，并对触觉功能、视觉功能等的发展有促进作用。	★	★	★		
滑板	配合滑梯或单独使用，用于视觉、听觉、触觉、前庭觉、本体觉等整合训练及身体协调性训练。	★	★	★		
浪桥	前庭觉功能训练，与插棍等结合训练视感知—动作协调及注意力等。	★	★	★		
晃动平衡木	平衡功能、身体协调、注意力及空间感知训练。	★	★	★		
平衡木	前庭觉、本体觉及空间感知训练。	★	★	★		
平衡步道	触觉功能与本体觉训练。	★	★	★		
平衡触觉板	刺激手脚及全身触压觉神经末梢，触觉、平衡觉及空间感知训练。	★	★	★	★	★
跳床	前庭觉强化训练，抑制过敏信息。	★	★	★		
平衡踩踏车	前庭觉、本体觉训练，促进动作协调、重心控制和平衡能力发展。	★	★			
独角凳	前庭平衡及重心控制训练。	★	★			
跳袋	前庭强化刺激、身体运动及协调性。	★	★	★		
阳光隧道	促进本体觉、前庭觉、平衡及身体钻爬的协调性发展。	★	★	★		★
摇滚圈	又称 1/4 圆平衡板，训练本体觉和平衡能力。	★	★	★		
大陀螺	前庭功能训练、身体躯干动作方式与上肢协调性训练。	★	★			

小贴士

续表

名称	功能	发展领域				
		肢体动作	前庭平衡	感官知觉	精细动作	创意互动
颗粒大笼球	触觉、平衡觉与躯体反射调节和缓解肌痉挛训练。	★	★	★		
羊角球	前庭觉、运动及空间感知训练，促进躯干、颈部与下肢的协调性发展。	★	★	★		
花生球	前庭功能、触觉、平衡运动及躯体反射调节训练。	★	★	★		
海洋球	触压觉刺激、身体平衡控制训练。	★		★		
触觉球	触压觉功能训练。	★		★		
万象组合	前庭功能、平衡能力、触觉及空间训练。	★	★	★	★	★
动能平衡板	前庭平衡训练。	★	★	★		
蜗牛平衡板	前庭平衡训练、视感知—动作协调及注意力训练等。	★	★			
圆形滑车	前庭平衡训练、身体协调性训练。	★	★			
88 轨道	视感知—精细动作协调及注意力训练。	★		★	★	
上下转盘	视感知—精细动作协调及注意力训练。	★		★	★	
沙箱	触觉感知训练。			★		
扭扭圈	强化腕关节的灵活度、手腕力度训练及增进触觉感知能力。	★		★		
YY 圈	按压凸点刺激手指末梢，提升末梢血液循环，训练手握力，提升精细动作水平。	★		★		
踩踏石	平衡功能训练，肢体协调及触觉训练。	★	★	★		
摇滚跷跷板	动作协调、空间训练。	★	★			

触觉功能训练是依据触觉感受器及其传导通路的独特性来设计的。触觉感受器有多种类型，不同感受器的适宜刺激属性不同，那么与此相应的训练内容和训练方法也不一样。为了更好地开展触觉功能训练，训练人员需熟悉皮肤觉的各种类型及其适宜的刺激方式、体肤不同区域触感知敏感性的差异、皮肤觉发育特点等。

二、触觉障碍儿童的表现

触觉障碍儿童表现为极端不安、对新信息排斥、不愿意学习新知识、过分依恋父母、偏食、吸吮手指、咬手指甲甚至脚指甲，或不喜欢别人帮助剪指甲。触觉敏感的儿童还不喜欢被他人触摸，触觉迟钝的儿童对危险和疼痛反应迟钝。触觉功能训练主要是给儿童提供触觉刺激。触觉体验空间要突出触觉刺激以及景观的互动性和可操作性，帮助儿童主动接触新事物、增强自信心。

案　例

5 岁男孩小凡，在幼儿园期间兴趣爱好狭窄，很少与同伴互动及交流，只对各种玩具车感兴趣，通常一人沉浸在自己的世界中，经常出现头部倒栽到地上的行为。小凡注意力不集中，很难在一个活动上长时间坚持；模仿能力较强，但延迟模仿，对于老师教的新儿歌当时学不会，回到家后可以一字不落地背下来；秩序感很强，用完的东西会放到原来的位置。小凡害怕带有眼睛的玩具，通常不会直视玩具的眼睛，对于不熟悉的人也不会直视眼睛，更不会让不熟悉的人靠近自己。小凡参加集体活动时不会和同伴一起，独自趴在地板上；经常在睡前要求妈妈给他挠背。

小凡是独生子，也是一名早产儿，与老人居住时间较多。

三、触觉功能训练途径

触觉功能训练的安全性高，且基本不受特殊条件的限制，一般以家庭训练及日常活动训练为主，以机构训练为辅。在训练初期及高位训练期间，家庭成员需参与专业人员设计、组织的训练活动，学习相关基础知识和操作技能，实现训练技术由专业机构向家庭的转移。因此，儿童触觉功能训练的基本模式是家庭训练与机构训练相结合，以家庭训练为基础，机构训练提供技术支持与指导。这样既可确保训练效果，也可以大大减轻家庭的经济负担。

四、触觉功能训练内容

（一）局部刺激训练和全身刺激训练

根据刺激范围，触觉功能训练分为局部刺激训练和全身刺激训练。

局部刺激是对面部、躯干、四肢等特定部位的刺激。局部刺激训练需注意以下四个方面。

第一，面部与其他部位区别对待。人体面部与身体其他部位的触觉系统是相对独立的，各自拥有独立的信息传导系统。所以，触觉功能训练要区别对待这两个大分区，采取相应的训练方式。

第二，明确刺激属性。训练人员在设计训练项目及施加刺激时，要非常清楚当前操作所承载的刺激属性，多次刺激要保持前后一致，以便于儿童感受和认知。

第三，引导儿童准确感受施加的刺激属性。训练人员在引导儿童感受刺激属性时要告诉儿童相关刺激属性的术语，促进儿童认知的发展。

全身刺激是对全身各部位进行的大范围的刺激，改善全身皮肤觉的功能。全身刺激训练需注意以下两个方面。

第一，刺激范围尽可能大，如洗澡时可刺激全身，玩沙子可刺激四肢大部分区域等。

第二，有意识、无目标地施加刺激。家长有意识地利用各种机会给予时长不等的刺激训练，每次刺激不一定要求儿童有目的地感受并报告刺激属性。全身刺激训练是基础，多由家长在日常生活中完成，也可作为局部刺激训练的准备训练或训练结束时的放松训练。

（二）静态刺激训练和动态刺激训练

根据刺激属性在时空上的变化程度，触觉功能训练大致分为静态刺激训练和动态刺激训练。

（1）静态刺激的属性在时空上相对稳定，从开始到结束变化不大，如用积木按压体肤。静态刺激训练考虑的内容主要有刺激的部位、刺激的面积、刺激的方向、持续的时长、刺激物的物理属性、多次重复刺激等。

（2）动态刺激的属性在时空上有可觉知的变化，刺激过程结束时才能完整准确地描述刺激的属性。动觉刺激训练关注刺激的方向和角度的变化、强度的变化、刺激节律及其变化等。动态刺激可视为多个相同或不同的静态刺激属性在时间上的承继。静态刺激训练是基础；动态刺激训练是核心，也是训练的重点和难点。

（三）粗略触觉训练和精细触觉训练

根据触觉感受器的类型及传导通路的差异，触觉功能训练分为粗略触觉训练和精细触觉训练。

粗略触觉训练是指触觉系统对刺激属性的粗略感知，大多处于感觉水平，知觉模糊，大多在大脑的初级感觉区对刺激信息加以表征。精细触觉训练是对刺激属性的清晰觉知，大多处于知觉水平，在刺激经大脑初级感觉区后进一步激活次级感觉区及高级感觉区，对刺激进行有目的的感受和认知。

五、触觉功能训练方法

（一）粗略触觉训练方法

在粗略触觉训练中，儿童的触觉刺激水平较低，其他感觉系统正常完成其相应的功能。在训练中，训练人员偶尔会有意识地屏蔽其他感觉通道，引导儿童关注当下的训练，但更多时间是接受刺激。

1.触压为代表的刺激

触压为代表的刺激是指徒手或借助于器械对儿童的体肤进行触摸、揉搓、挤压、划拨、拍、捏等不同动作方式的刺激，是常用的触觉训练方法。该训练方法有较强的目的性，儿童受刺激的部位明确具体，刺激属性多样并可随时调整。在徒手训练初期，如果儿童对刺激有较强的触觉防御（触觉过敏），怕他人接触，训练人员可手持儿童的手臂对其自身体肤实施主动刺激，中间穿插肢体的触压抚摸，并逐步增加肢体接触儿童体肤的机会。在器械训练中，训练人员根据儿童触觉异常的特点及要刺激的部位选择合适的器械。触觉球是触觉功能训练较有效的设备之一，价格低廉，刺激属性丰富，可用于体肤任何部位的刺激训练。训练机构及家庭都可配置该设备。

2.翻滚

儿童绕身体的冠状轴或垂直轴进行的连续躯体滚动，实现对体肤较大范围的挤压、搓揉、触摸等的触觉刺激，分为前后滚和侧滚。

前后滚绕身体的冠状轴滚动，头部、背部为主要刺激部位，有前滚翻和后滚翻。

侧滚绕垂直轴滚动，身体大部分体肤接受刺激，如快慢相间的变节奏侧翻、斜坡滚、单向翻滚和左右反复滚、滚筒内滚、床单缠卷滚、水中翻滚、沙池翻滚、球池翻滚等。影响翻滚训练的因素有三个方面。第一，连续翻滚时长、次数和频率。时长越长，次数越多，频率就越大。第二，地面或介质的属性，如地板、地毯、草坪、沙地或沙坡等。第三，儿童着装的厚度及质地。儿童可尝试穿不同薄厚、松紧、材质等的衣服进行训练。翻滚训练要注意安全，场地要宽敞、开阔，沙地、草地等处须先检查是否有危险物品。

3.家庭日常训练

家人在日常生活中有意识地让儿童体肤接触多种属性的刺激，如不同质地或松紧不同的内衣、鞋袜，进食软硬、干湿以及植物纤维含量不同的食物等。

粗略触觉训练要求的知觉水平低，难度小，训练活动易于组织实施，属于低位感觉统合训练，可改善儿童的触觉功能、情绪控制及睡眠等。

游戏活动

游戏　小象管家

一、活动对象与训练目标

（1）适合年龄：3 ~ 4 岁。

（2）训练时长：50 分钟。

（3）训练目标。

①通过双手持物、跨障碍物稳定行走，锻炼儿童的身体平衡能力。

②训练儿童的坚持力和自信心。

③训练儿童控制自己的身体重心、平稳地行走在路径上。

二、器材准备

表 6–2　器材准备

器材名称	发展目标			
	专注力	平衡力	自信心	其他
万象组合	√	√	√	
彩虹河石	√	√	√	
蜜蜂步道	√	√	√	

三、儿童感觉统合训练师准备

（一）知识要求

了解训练器材的使用特点。

（1）万象组合：包含半砖、全砖、体能环、体能棒、棒夹、环夹、豆包袋、平衡板、彩色手脚印等，主要发展爬、走、跑、跳等复合肢体动作以及进行抛、接、丢、投等手部活动锻炼，可随意组合多种游戏方式。

（2）彩虹河石：促使儿童运用平衡感踩踏行走，促进儿童全身性动作灵活发展，用不同颜色训练儿童的视觉认知。

（3）蜜蜂步道：开放式的踩踏空间促进儿童身体重心变化与行走时的专注能力。蜜蜂步道凹槽里可放置不同的触觉材料，促进儿童获得不同的触觉及感官刺激。

（二）技能要求

（1）利用不同器材之间的组合促进儿童动作与环境适应能力发展。

（2）发展活动过程中的观察能力。

四、活动过程

（一）课前

故事情景：森林里动物们举行运动会，小象负责玩具和运动器材的管理工作。看看小象如何来收拾玩具吧。

（二）课前讨论与提问

（1）小象如何过河？当儿童感觉统合训练师说只能走蜜蜂步道的凸起处与万象组合的平衡板时，哪些地方不能行走？

（2）小象的行走路线是什么？

（3）搬运物品时，如何放置才不遮挡视线，行走更平稳？

（三）课堂

1. 活动步骤

第一步，小象走在蜜蜂步道的凸起处与万象组合的平衡板上，手里拿一个海洋球或沙包通过，到达终点时放进对应颜色的容器里。

第二步，小象将起点的海洋球或不同颜色的沙包运完活动结束。一般根据儿童的年龄放置10～100个，同步增加数概念的练习。行走路径要求为去程走蜜蜂步道，回程走万象组合平衡板。

第三步，小象将终点容器里的海洋球或沙包依次运回起点分类整理整齐。

2. 观察与评价

（1）观察儿童在双手或单手持物时能否平稳沿直线或在蜜蜂步道上行走。

（2）观察儿童在双手持物前进或转身时能否保持平衡。

（3）观察儿童在第三步骤难度增大时的反应。

（四）填写课后观察记录表。

（二）精细触觉训练方法

精细触觉训练属于高位感觉统合训练，在促进触觉功能发展的同时，还可以提高儿童的注意力、认知能力和执行抑制力等。

1. 单一刺激属性的感知训练

当儿童体肤接受特定刺激时，训练人员引导儿童明确觉知刺激属性，形成对这些属性的认知、理解和识记，表达相应的概念和术语。这种训练简称单一刺激训练或单一训练。它是更复杂的精细触觉训练的基础，也是认知、言语学习的重要途径。

（1）多角度设计刺激属性。在儿童接受刺激前，训练人员需根据体肤可感知的刺激属性，多角度分析和设计所要施加的刺激属性，包括感知类型（温、痛、触、压），感知部位，刺激静态性或动态性等。体肤可感知的属性是非常多的，多角度的分析和设计是确保儿童接受丰富刺激的前提。

（2）恰当引导儿童感知刺激属性。训练中，训练人员始终要把儿童的注意力引导到关注当下的刺激上，避免无关刺激介入。在此前提下，训练人员通过直接告知刺激属性以及询问儿童感受到的刺激属性两种方式引导儿童确切感知刺激属性。一般而言，对于认知障碍较为严重的儿童，需采取直接告知刺激属性的方式来引导。

（3）以觉知单一属性为基础。该训练为儿童后续学习各种知识、技能做铺垫。所以准确感知刺激属性是根本，理解识记刺激属性并与相关术语建立联系是关键。为此，施加刺激要单一，避免错误联系。例如，压、揉、摸、掐、弹或冷、温、轻微烫等刺激属性需单独训练，不宜整合。同一属性训练的多次实施要稳定，前后尽可能一致。低龄儿童可能需要对很多刺激属性进行单一训练，往往要反复多次，持续较长时间。对于体肤感知异常的儿童，单一刺激训练可能难以回避，否则儿童的注意力、认知、交往等多种能力发展会受到影响。

（4）逐步提高训练难度。在熟练掌握特定属性的基础上，训练人员应增加对同一属性细微差别及其动态变化特点的有效区分。

2.整合训练

在单一刺激训练的基础上，需进行体肤适宜刺激的多种属性的整合训练以及不同感觉系统间的整合训练，进一步激活大脑的多个功能区，提高各功能区协调高效处理信息的水平。整合训练分为以下两大方面。

（1）系统内整合训练。体肤有温、痛、触、压多种感受器，每种可感受的刺激属性又有多方面，这些属性都可以通过整合方式加以训练。

第一，类型内不同属性整合。利用同一感觉的不同属性的整合，如给儿童的左手心滴两滴冰水、右手心滴一滴热水，引导儿童感受冷热刺激的部位、热度差、冷热面积大小等。

第二，比较鉴别刺激属性。引导儿童比较鉴别多种刺激或多次刺激的差异，如可以让儿童从布袋里面摸出和训练人员要求一样的积木。多种刺激或多次刺激是调节难度的重要因素，实践中可根据儿童的发展水平适时调整。

（2）系统间整合训练。体肤的多种感觉信息还可以通过视觉、听觉、本体觉及言语来表达，实现不同系统信息的整合，是感觉统合理论在触觉训练上的基本要求。

第一，触视整合，即体肤感知与视感知的整合训练。

方法一，视触同步法。儿童边感受触觉信息，边视觉搜索与触觉刺激属性相同的目标信息。例如，训练人员先在儿童面前摆放 5 ～ 6 个积木，用一个积木在儿童头顶轻缓搓揉，让儿童根据头部触觉信息整合视觉搜索，从面前的多个积木中找到目标积木。

方法二，先视后触法。儿童先看清、看全呈现的刺激属性，后通过体肤觉确认。

方法三，先触后视法。儿童体肤先感知刺激属性，后通过视感知确认体肤感受到的刺激。

第二，触本体动作整合，即体肤感知与本体感知的整合训练。由于本体感知训练多通过动作实现，该系列训练主要表现为触感知与动作的整合。它也分为三种具体训练方法：触动同步法、先动后触法和先触后动法。

第三，触听言语整合，即体肤感知与听觉言语的整合训练。它也分为三种具体训练方法：触听言语同步法、先触后言语法和先听后触法。

3. 关联训练

儿童经训练从各种感觉通道获取的信息往往是孤立的、分散的或碎片化的，需要相互联系，实现结构化，以便更好地促进复杂知识和技能学习，更好地解决实际问题。关联训练可以更好地实现这一目的，对改善儿童的脑功能有重要作用。

不同感觉系统感受的一些刺激属性存在共同特征，具有同质性。感觉统合训练可将这些存在关联的信息联系起来，增强儿童对刺激属性的有效感知和深刻理解，使其在实践中灵活应用。关联训练的核心不是感知和理解各种感觉信息的属性，而是通过不同感觉系统将关联的信息加以转换和联系。

（1）触视关联训练。根据视感知和触感知刺激属性的同质性，实现体肤感觉与视觉信息的转换和联系。

（2）触动关联训练。根据刺激属性的同质性，将体肤刺激属性通过动作表达，实现体肤感知与本体觉的转换和联系。

六、触觉功能训练强度控制

触觉刺激对神经系统产生影响发生在刺激后 30 秒内，具有一定的滞后性。在儿童可承受范围内，触觉刺激的效果与刺激时长及强度成正比。所以，儿童触觉功能训练需要有一定的刺激强度且维持足够的时长。当然，个体差异问题也是儿童触觉功能训练不可回避的因素，不同儿童以及同一儿童的不同训练阶段，其触觉刺激的耐受力有较大的差异，需在实践中区别对待，分阶段推进，逐步提高训练水平。

对于触觉过敏者，训练中的刺激强度应该由弱到强，逐步提高体肤的抗敏感性；对于触觉迟钝者，训练中的刺激强度需由强到弱，逐步提高体肤的敏感性。

七、触觉功能训练的注意事项

（1）根据体肤敏感性实时调整刺激部位。由于儿童体肤不同区域的刺激敏感性和耐受力有较大的差异，训练人员要根据儿童的实时反应，及时调整刺激的部位和力度。

（2）全面刺激与重点刺激相结合。首先，要坚持全面训练，即训练要覆盖全身多个部位，分为头部与躯干及四肢、背侧与腹侧、内侧与外侧、近端与远端、穴位与其他部位等。刺激的类型要全面，触、压、温、痛都要涉及。同类刺激的属性要多样化，有静态刺激，也要有动态刺激。触觉的刺激属性非常多，是训练的重点，需持续较长时间，每次训练要保持足够强度。其次，要根据儿童体肤感知特点有重点地加强训练。

（3）从低位触觉统合训练逐步过渡到高位触觉统合训练。儿童新接受训练一般从低位触觉统合入手。低位触觉统合是儿童对属性的感知，但训练人员需明确，低位触觉统合训练主要是改善儿童的体肤生理机能，对中枢刺激强度不高，儿童感知到的各种信息的整合水平也比较低。在儿童接受低位触觉统合训练的基础上，训练人员视其发展水平逐步进行高位触觉统合训练。在高位触觉统合训练中，儿童不再是被动接受刺激，而是在触觉刺激引导下完成多种感觉系统、运动系统以及大脑的认知、言语、记忆等中枢高级功能区整合训练，其训练难度、训练水平显著高于低位触觉统合训练。

（4）训练形式要多样化。为避免单一训练方式导致的训练疲劳，触觉统合训练的形式要多样化。比如，刺激的频率由相对慢的点击到较快的持续揉搓，刺激的力度由重压到轻抚，刺激的主体由儿童用手的自我触摸过渡到毛绒玩具的触摸，由训练者持握儿童的手进行的被动按摩过渡到训练者徒手直接按摩等。训练组织形式也可以多样化。除了常用的一对一训练外，还可由多个儿童依次进行互助训练或其他游戏活动。

触觉功能训练的基本思路是儿童体肤接受丰富刺激，确切理解各种刺激属性。训练的途径可以是专门的机构训练，也可以是日常生活中的随意训练。人的活动大多是多维的、整合的，所以触觉功能训练的实践活动难以严格局限在某个具体领域。对于触觉功能训练而言，严格区分几大领域的训练也是没有必要的，提高心理、行为的统整能力才是训练的根本目的。

八、触觉功能训练项目的实施方法

（一）触觉大笼球游戏

视频 6-1-1
大笼球游戏

触觉大笼球游戏需要的器械是光面或颗粒面大笼球（刚开始训练的儿童和特殊敏感的儿童一般选用光面大笼球；训练时间较长的儿童和已经不太敏感的儿童适宜选用刺激更强的颗粒面大笼球）。

训练人员让儿童俯卧或仰躺在地毯上，将大笼球放在儿童身上做动态的前后左右滚动，或做静态的正中间轻轻挤压。同时训练人员可以用小球在儿童躯体面积较小的部位（如手、脚）上进行滚压。

儿童也可以俯卧或仰卧在大笼球上，训练人员按压儿童的背部或下肢部位，推动儿童身体，使球向前后运动或左右倾斜，逐渐增加幅度直至儿童身体悬空于球面上。儿童还可以背靠球面，手臂紧贴球面或向上伸直，在坐位起立的过程中推动球体向后运动，下蹲时使球体向前运动，如此反复刺激背部和臀部。要采用多角度、多方位滚动或挤压，这样可以更好地刺激触觉系统。

在训练期间，训练人员要与儿童进行言语交流，引导儿童感受刺激。同时训练人员不要用力过大，避免儿童翻滚落地，要保证儿童安全。

（二）滚筒游戏

视频 6-1-2
滚筒游戏

滚筒游戏需要的器械是滚筒。

儿童卧于滚筒内、仰卧或俯卧于滚筒外，下肢伸直。训练人员先小幅度推动滚筒，让儿童左右摆动适应滚筒，逐步增加推动滚筒的幅度，直至儿童随滚筒翻滚身体。儿童在滚筒内也可自主左右翻滚身体，晃动滚筒，逐步增加翻滚幅度和转换频率，直至推动滚筒连续前行。

训练期间训练人员要保证滚筒口两端不要有任何物品，放上体操垫，不要让儿童直接在硬质地板上训练，以免头部撞到地面，要保证儿童安全。

（三）穿越隧道

视频 6-1-3
穿越隧道

穿越隧道需要的器械是阳光隧道。

儿童跪爬穿过隧道。最初训练人员在前引导，儿童随后。儿童的紧张感消除后，训练人员可以在隧道另一出口指导呼唤。

（四）日常生活训练

在日常生活中，毛巾、毛刷等粗糙物品都是很好的触觉训练用具。儿童洗完澡之后，家长可以用一个大浴巾将儿童全身都包裹起来，然后让儿童在浴巾上不断滚动；也可以用毛刷或梳子轻轻梳儿童的头部，加强头皮刺激，或者轻刷儿童的大腿部及脚底。另外，吹风机也是一个可以很好利用的家庭用具。家长可以用吹风机的热风或冷风集中吹儿童的触觉敏感部位，这比吹自然风的效果还要好。因为吹风机造成的触觉非常特殊，所以大部分儿童刚开始都会觉得很有趣，比较乐于接受。

游戏活动

游戏1　压路机

一、活动对象与目标

（1）适合年龄：3～4岁。

（2）训练时长：50分钟。

（3）训练目标。

①训练儿童的触觉能力。

②发展儿童的身体协调能力。

二、器材准备

表6-3　器材准备

器材名称	发展目标			
	触觉识别	触觉记忆	自信心	其他
毛巾	√	√	√	
吹风机	√	√	√	
软刷子	√	√	√	
大笼球	√	√	√	

三、儿童感觉统合训练师准备

（一）知识要求

（1）掌握在日常生活中触觉训练的内容。

（2）掌握在日常生活中触觉训练的方法。

（二）技能要求

（1）游戏过程中对大毛巾力度的把握和协调。

（2）注意不同环节的顺序性。

四、活动过程

（一）课前

故事情景：动物王国为举行盛大的庆典，要把迎宾大道重新修整，动物们有的筛石子，有的搅拌，有的铺柏油，有的轧马路，大伙儿干得热火朝天。小朋友们，我们一块去参加劳动吧！

（二）课前讨论与提问

（1）马路是怎样铺设的？

（2）压路机为什么那么宽？

（三）课堂

1.活动步骤

第一步，筛沙子。儿童感觉统合训练师（以下简称训练师）和儿童两人分别抓住两角轻轻晃动，逐渐加快速度，促进儿童触觉刺激和前庭平衡。

第二步，搅拌。儿童在大陀螺中旋转，单人旋转或双人旋转。

第三步，压路。儿童仰卧或俯卧于地面，训练师用颗粒大笼球在儿童身上由浅渐深挤压，增加儿童的触觉感受力。

第四步，环卫工。训练师使用吹风机和刷子分别给儿童由远及近地吹和刷，用低温吹拂脸部、头部、颈部和四肢、躯干；用刷子刷脚底、手掌及四肢，增加触觉的敏感力。

2.观察与评价

（1）观察儿童能否保持耐受力。

（2）观察儿童的敏感度及反应，及时调整力度及频率。

（四）填写课后观察记录表

游戏2　小蚂蚁搬家

一、活动对象与目标

（1）适合年龄：4～5岁。

（2）训练时长：50分钟。

（3）训练目标。

①训练儿童不同触觉及感官刺激。

②发展儿童动作计划与适应环境的能力。

二、器材准备

表 6-4　器材准备

器材名称	发展目标			
	专注力	平衡力	触觉识别	其他
娃娃沙箱	√	√	√	
踩踏平衡触觉板	√	√	√	
活力脚丫	√	√	√	
触觉垫	√	√	√	
蜜蜂步道	√	√	√	

三、儿童感觉统合训练师准备

（一）知识要求

了解训练器材的使用特点。

（1）娃娃沙箱：由本体（含箱盖）、脚架组成。箱体可放地板上使用，可放置沙子进行沙画、运笔练习，也可放置水进行游戏训练。

（2）活力脚丫：表面有止滑触点，并能提供触觉刺激。

（二）技能要求

（1）组合不同的触觉训练点增强儿童的触觉感知。

（2）在训练时观察儿童的训练反应，及时生成训练方案。

四、活动过程

（一）课前

故事情景：要下暴雨了，小蚂蚁要赶紧收拾晾晒的食物。小朋友们，你们去帮帮小蚂蚁吧。

（二）课前讨论与提问

（1）在沙地里走是什么感觉？

（2）双脚横着并行走和正常向前走有什么不同？

（三）课堂

1. 活动步骤

第一步，给儿童示范盘坐在触觉垫上，保持双脚和屁股同时在触觉垫上。

第二步，在触觉垫上踏步 100 次，穿过蜜蜂步道。

第三步，经过蜜蜂步道后沿着踩踏平衡触觉板到达沙池。

第四步，在沙池边用双手捧踩踏石运送到起点，游戏结束。

2. 观察与评价

（1）能在触觉垫上踏步至少 100 次。

（2）能坚持用双手捧一盒踩踏石。

（四）填写课后观察记录表

游戏 3 天牛过河

一、活动对象与目标

（1）适合年龄：5 ~ 6 岁。

（2）训练时长：50 分钟。

（3）训练目标。

①促进儿童的触觉能力发展。

②促进儿童的动作协调性发展与适应环境的能力。

二、器材准备

表 6–5 器材准备

器材名称	发展目标			
	触觉感受	平衡力	自信心	其他
触觉探索积木	√	√	√	
平衡步道	√	√	√	
触觉球	√	√	√	
颗粒大笼球	√	√	√	
花生球	√	√	√	

三、儿童感觉统合训练师准备

（一）知识要求

了解训练器材的使用特点。

（1）触觉探索积木：有长、宽各 40 厘米的积木面，有圆点、格子、水纹三种纹路设计。触觉刺激有强弱之分，丰富的图案与色彩可以引发儿童对踩踏积木的兴趣，促进儿童的动作协调能力与平衡感发展。

（2）平衡步道：塑料横杆可以促进儿童的脚底和膝盖关节触觉感受力与平衡能力发展。

（3）触觉球：可置于脚底、手心、四肢、躯干，供全身按摩使用，促进儿童的触觉发展。

（4）花生球：可跨骑、俯卧、仰卧，促进儿童的触觉、前庭觉、平衡觉发展。

（二）技能要求

（1）组合不同的触觉训练促进儿童的触觉感知能力发展。

（2）及时了解训练过程中儿童的训练反应及生成训练方案的能力。

四、活动过程

（一）课前

故事情景：天牛王子要去小象庄园做客，飞了一半飞不动了。小朋友，你帮帮天牛王子吧。

（二）课前讨论与提问

（1）天牛长什么样子?

（2）如何用积木搭建庄园?

（三）课堂

1.活动步骤

第一步，训练师出示有关天牛的图片或视频，让儿童观察了解天牛的习性和特征，以及爬行和飞翔。

第二步，儿童沿着平衡步道出发，中间骑花生球5米。

第三步，使用触觉探索积木搭建小象庄园。搭建好后，训练师用颗粒大笼球为其按摩挤压。

2.观察与评价

（1）保持爬行及飞翔动作的协调性。

（2）能自主或协作利用触觉探索积木将小象庄园搭建成型，并能在其中爬行。

（3）能协调骑行各种球类。

（四）填写课后观察记录表

第二节　重力不安全感训练

一、重力不安全感训练的生理基础

重力不安全感是前庭觉过度反应所表现出的一种行为，使儿童反应与实际危险程度不成比例，与前庭感觉统合处理能力不足有关。重力不安全感的主要表现是害怕移动、害怕偏离直立姿势或者双脚离开地面。

由于重力不安全感与前庭感觉统合处理能力不足有关，故重力不安全感训练主要通过前庭刺激来开展。前庭功能影响儿童多个方面的发展，前庭功能训练是感觉统合训练的核心。前庭觉是指在受地心引力作用及个体躯体移动刺激时形成的感觉。前庭感受器位于内耳，结构独特，其感受的躯体运动信息传入中枢后与小脑及其他神经核建立广泛联系，参与人体多种活动。在感觉统合各领域训练中，前庭功能训练难度大、危险性高，对训练人员的专业素养和身体素质要求也高。训练人员应熟悉有关前庭系统的生理学基础知识。

二、重力不安全感儿童的表现

重力不安全感儿童会对受重力影响的一些活动感到相当不安全。儿童如有重力不安全感，可表现为上下阶梯或过马路多迟疑，登高时会觉得自己头重脚轻不敢走动或向别处看；被抱起举高时焦虑地要把脚着地。他们避免从高处跳到低处，对高地或有跌落危险时表现得非常害怕；不喜欢把头脚倒置，如避免翻筋斗、打滚，或参加室内打斗游戏；对游乐设施不感兴趣，不喜欢移动性玩具；进行不寻常移动，如上下车，前座移后座，走不平地面等动作缓慢；上下阶梯很慢，并紧紧地抓住栏杆；旋转时很容易失去平衡；车行进中转弯太快也会被吓到；不喜欢在凸起的地面上走。

重力不安全感儿童虽然没有跌落的危险，但仍对前庭感觉产生极大的情绪反应。这种情绪反应是脑内前庭处理产生错误信息传给大脑的缘故。重力不安全感儿童对于头部位置和动作的改变感到相当害怕，特别是在空间中向后和向上的移动。即使是离开地面只有一小段距离，对于重力不安全感儿童来说也是一项相当大的挑战。

案　例

一个 5 岁的男孩每当被放在摇摆的游戏设施上时就会出现极度恐慌。他担心失去平衡，尽管他从未在摇椅上摔下过。

一个 4 岁的女孩拒绝爬上比她高的任何地方，如游乐场的滑梯。即使在成人的陪伴下，她也会感到极度不安，哭泣和抗拒。

一个 6 岁的男孩在车辆加速或减速时表现出极度不适。尤其在坐过山车或车辆快速转弯时，他会感到害怕和恶心。

一个 3 岁的女孩在幼儿园避免参与任何需要跳跃、旋转或快速运动的活动。当被鼓励参与时，她会非常焦虑甚至哭泣。

一个 4 岁的男孩在上下楼梯时感到非常害怕。他总是需要成人的帮助，即使是在很短的楼梯上也会感到恐惧。

三、重力不安全感训练途径

重力不安全感训练的技术性强，危险性高，且往往需要借助一定的设备才能达到足够的训练强度。为此，在感觉统合统训练的四种实施途径中，重力不安全感训练应在不同阶段采取不同的途径。在技能自动化前的较长时间内，宜以机构训练为主，以家庭训练及日常活动训练为辅。在技能自动化维持训练阶段，可适当增加家庭训练的比例，但需要家庭购置一些简易设备，如大笼球、花生球等，且要调整家庭设施，开辟足够的训练空间。

四、重力不安全感训练内容

前庭器官的适宜刺激是躯体运动产生的加速度，包括旋转加速度和直线加速度。典型的事例如日常活动中的身体失衡、身体旋转、骤起急停等。所以，重力不安全感训练内容有三个维度，即参训个体完成角加速度运动、直线加速度运动，以及角加速度和直线加速度组合运动。训练项目的设计和组织实施围绕这三个维度进行。角加速度运动可刺激三对半规管，训练设计需全面考虑。

五、重力不安全感训练方法

根据前庭器官的结构及其特点，重力不安全感训练的基本方法是使儿童躯体处于失衡状态，使前庭器官受到加速度刺激。

（一）旋转

旋转即全身或身体局部绕一相对固定轴的转动，前进以角加速度刺激为主。身体旋转的基本方式有三种。其一，绕身体垂直轴旋转，如儿童取站立位的身体左右扭转，或通过两脚移动实现全身原地旋转，或立于浪桥吊台上旋转或站在旋转盘上旋转等。其二，绕身体冠状轴旋转，如按头部及躯干顺序进行屈伸活动、身体不倒翁运动、游泳池中的屈体前后滚翻等。其三，绕身体矢状轴旋转，如俯卧浪桥吊台上旋转等。

视频 6-2-1
旋转

（二）滚动

滚动是指身体在旋转的同时有水平位移的活动，前庭接受角加速度和直线加速度刺激。滚动有多种变式。其一，绕身体垂直轴滚动，如卧位地面滚动，边转体边移动脚步，身体向前产生位移（转体行进），沙坡上抱膝侧滚，滚筒内卧滚。其二，绕身体冠状轴翻滚，如坐位躯体前滚翻或后滚翻、在沙坡抱头屈体前后滚、跳水运动中屈体翻滚等。其三，绕

视频 6-2-2
滚动

身体矢状轴滚动，如身体侧滚翻。矢状轴滚翻有较大的危险性，一般不用于儿童自主训练。

（三）荡摆

荡摆是指身体在某一方位上来回摆动，多属于角加速度和水平加速度组合刺激，但强度不及前两者。荡摆主要有两种。其一，前后荡摆，如坐位时上半身前合后仰、仰卧起坐、浪桥上前后荡摆等。其二，左右荡摆，如平衡台左右荡摆、在浪桥各设备上身体左右摆动、人体跷跷板摆动、走平衡木时身体摆动等。训练的强度主要取决于启荡和停止的速度，以及荡摆的幅度。

视频 6-2-3
荡摆

（四）起落与震动

起落与震动是指身体跳跃和下落或身体的上下震动。前庭接受水平加速度刺激，如蹦床上的上下蹦跳、大笼球上的卧位上下震荡、弹跳球上原地蹦弹等骤起急停。骤起急停是指身体在水平方向上产生加速度的活动，如起步立定、跑步中停止、折返跑、跳高、跳远、跳水等。

（五）反射活动

反射活动是指儿童受到突发刺激做出的反射性应对，如听到突然大声叫后儿童迅速转头或急停，行走时不慎绊倒，独角凳支撑训练时轻推儿童的肩膀等。

上述各种刺激方式可以在睁眼、闭眼以及睁眼闭眼交替三种状态下实施。一般而言，首先在睁眼状态下训练，其次是在睁眼闭眼交替状态下训练，最后是在闭眼状态下训练。闭眼状态下的失衡刺激更明显、更频繁，刺激强度也更大。但该方法要密切关注儿童的心理状态，如出现恐惧感则暂缓实施，同时也要确保训练安全。这些刺激方式无论在徒手训练项目上还是器械训练项目上都有较大的适用性，是设计前庭功能训练方案的基础，也是组织训练活动、改变训练方式的基本技术。

六、重力不安全感训练强度控制

重力不安全感训练强度取决于加速度刺激的大小和时长。加速度越大，持续时间越长，训练强度就越大。训练须从这两个方面调控训练的强度。一般而言，可以先进行刺激强度较小的训练，如荡摆、震动等，然后采取旋转、翻滚等刺激强度较大的训练，且逐步延长刺激时间。训练中，训练人员如果发现儿童出现眩晕、胃部不适等症状时，可让儿童休息 2 ～ 3 分钟；待休息后进行其他项目的训练，避免儿童对该项目产生恐惧或厌烦。

七、重力不安全感训练的注意事项

第一，刺激维度问题。重力不安全感训练总体坚持单一向度刺激与多向度刺激相结合的施训原则。通常情况下，人们更多关注绕身体垂直轴的旋转问题，训练活动大多围绕这一向度来进行。其实，儿童前庭功能异常往往是多向度的，需要在某一向度训练的基础上强化多向度训练，确保前庭器官的各个感受区都能够接受充分刺激。

第二，适时整合认知内容。重力不安全感训练应渗透相关概念、术语以及文化教育知识，具体负载手段、方法、内容等需综合训练目的、受训儿童特点和具体项目来确定。

第三，心理支持问题。训练初期，一些儿童需要接受特别的心理支持，以减少失衡的恐惧感，增加参与训练的自信心。具体方式有陪伴训练、扶持、同伴互动游戏。训练人员需要通过合适的途径对儿童的表现加以评价和反馈，如及时告诉儿童一些定量指标完成情况，通过观看录像让儿童了解自己完成训练的情况。

第四，安全问题。重力不安全感训练是借助于加速度刺激来实施的，躯体失衡在所难免，安全问题时刻存在，故无论是徒手训练还是器械训练都存在一定的危险性。训练人员须做好各种安防工作，如提前布置训练大环境及局部环境，确保训练环境安全。训练人员须在技术上加强安全性，如骤起急停训练项目须提前做好安全支持准备，技能自动化及维持阶段也要保持足够的警惕性。初期训练时，儿童不宜单独自主训练，以被动或有训练人员看护的主动训练为主。在儿童主动训练过程中，训练人员应在其身旁，密切关注训练过程，以便意外发生时及时给予保护。闭眼训练的危险性更大，需要训练人员贴身或近身防护。

八、重力不安全感训练项目的实施方法

（一）摆荡游戏

摆荡游戏需要的器械是吊缆、吊台、吊兜。

训练人员可将儿童放在吊缆、吊台、吊兜上，儿童可俯卧、仰卧、坐立在器械上。训练人员握紧缆绳使儿童前后左右晃荡，或手持儿童前后摇动。儿童取俯卧位训练时，需要训练人员协助才能顺利置身缆面，应防止训练时摔落。

视频 6-2-4
摆荡游戏

（二）旋转游戏

旋转游戏需要的器械是吊台。

训练人员让儿童平坐于吊台上，双手紧握缆绳。首先，训练人员顺时针方向旋

转吊台，待儿童适应后可以反向旋转，逐渐增加训练强度。在训练过程中，训练人员要做好安全防护。

（三）滚筒游戏

滚筒游戏需要的器械是滚筒。

训练人员让儿童平卧滚筒内，儿童双臂抱胸前。训练人员协助筒体行进，让儿童先进行筒内滚动适应性训练，随后进行自然减速训练。最后训练人员可以让儿童进行加速度训练，可快速启停。该训练可以在儿童睁眼、闭眼两种情况下进行。

（四）滑梯训练

滑梯训练需要的器械是滑梯、滑板。

训练人员在地面上协助儿童适应滑板属性后，可以让儿童采取坐位、卧位，与儿童一起坐在滑板上滑行。训练人员可以控制滑板速度，让儿童睁眼或闭眼滑行。

（五）大笼球训练

大笼球训练需要的器械是大笼球。

训练人员协助儿童俯卧在大笼球上。训练初期可选用体积小的球便于训练人员实施动作。儿童适应后可逐渐增加球的体积，加大儿童与地面的距离，便于实施加速度训练。

（六）日常生活训练

在家庭中，家长可以在地面上平铺一毛毯，可以协助孩子卧滚、坐滚。孩子也可以在家长的保护下在床上蹦跳或在床上原地旋转。家长和孩子利用公园中的健身器材旋转盘练习旋转，可以在路边的埂上练习闭目行走，或者在公园的滑梯上练习滑行。

视频 6-2-5
旋转游戏

视频 6-2-6
滚筒游戏

视频 6-2-7
滑梯训练

视频 6-2-8
大笼球训练

游戏活动

游戏1　小小宇航员

一、活动对象与目标

（1）适合年龄：5 ~ 6岁。

（2）训练时长：50分钟。

（3）训练目标。

①提高儿童对重力的适应能力，提高儿童的平衡和空间定向能力。

②增强儿童的前庭感觉和本体感觉。

③增强儿童的自信心和勇气，通过不同动作统合活动，提高儿童动作转换的流畅性。

二、器材准备

表6-6 器材准备

器材名称	发展目标			
	专注力	平衡力	自信心	其他
秋千	√	√	√	
旋转椅	√	√	√	
滚筒	√	√	√	
安全垫、头盔、护膝				√

三、儿童感觉统合训练师准备

（一）知识要求

（1）理解感觉统合失调的基本概念。

（2）掌握重力不安全儿童的特点。

（3）了解使用各种器械的安全指南。

（二）技能要求

（1）设计适合儿童年龄和能力的训练活动。

（2）观察和评估儿童在活动中的表现以及应对突发状况的能力。

四、活动过程

（一）课前

故事情景：中秋月夜，蘑菇山庄举行赏月大会。小动物们望着圆圆的月亮说，天宫二号里的宇航员叔叔也有月饼吃吗？我们也要坐神舟十八号飞船去天宫。小朋友们，当宇航员都要训练些什么呀？我们也开始小小宇航员训练吧！

（二）课前讨论与提问

（1）宇航员是乘坐什么工具升入太空的？

（2）宇航员会头晕吗？

（三）课堂

1.课前准备

确保所有器械安全牢固。

布置活动区域，确保充足的空间和安全环境。

复习活动流程和安全注意事项。

2. 活动步骤

第一步，热身。儿童做简单的拉伸和平衡练习，为身体活动做好准备。

第二步，秋千摆荡。儿童在训练师的帮助下体验秋千，逐渐增加摆荡的幅度和速度。

第三步，旋转椅体验。儿童在训练师的指导下体验旋转，控制旋转的速度和时间。

第四步，滚筒游戏。儿童在滚筒上爬行，感受不同的角度和速度。

第五步，宇航员模拟训练。结合摆荡、旋转和滚筒，儿童模拟宇航员在太空中的体验。

冷静下来后，训练师引导儿童进行平衡和放松练习，帮助儿童平静下来。

3. 观察与评价

（1）观察儿童在每个活动中的反应和适应能力。

（2）与儿童交流他们的感受，了解他们的自我感知。

（3）根据观察结果调整后续训练计划。

（四）填写课后观察记录表

记录儿童对重力刺激的耐受性变化。

游戏 2　翻山越岭去做客

一、活动对象与目标

（1）适合年龄：4 ~ 5 岁。

（2）训练时长：50 分钟。

（3）训练目标。

①训练儿童的身体平衡能力。

②训练儿童的前庭能力。

③训练儿童控制自己的平衡性。

二、器材准备

表 6-7　器材准备

器材名称	发展目标			
	专注力	平衡力	自信心	其他
摇滚圈	√	√	√	
踩踏平衡触觉板	√	√	√	
活力脚丫	√	√	√	

三、儿童感觉统合训练师准备

（一）知识要求

了解训练器材的使用特点。

（1）摇滚圈：外圈直径134厘米、内圈直径108厘米，可组合成S形，让儿童在径面爬行或行走；可组合成半圆形，让儿童爬上爬下，兼具运动性、趣味性；也可以让儿童在圆形径面爬行或行走。

（2）踩踏平衡触觉板：增进重心控制与平衡发展，利用脚底触点刺激触觉发展。

（3）活力脚丫：表面有止滑触点，并能提供触觉刺激。

（二）技能要求

（1）利用不同器材之间的组合促进儿童动作与环境适应能力的发展。

（2）具备活动过程中的观察能力。

四、活动过程

（一）课前

故事情景：小熊邀请小狗和小羊去家里做客。小熊住在山那边的一个小村庄，小狗和小羊要走弯弯的山路，还要爬高高的山，走过大草坪才能到小熊的家。我们也跟它们一起去好吗？我们出发吧！

（二）课前讨论与提问

（1）你会怎么走弯弯的山路？

（2）你爬过的山海拔有多高？

（3）在草地上打滚是一种什么感觉？

（三）课堂

1.活动步骤

第一步，热身律动。活动前带领儿童进行热身运动，如律动“我真的很不错”、原地踏步走等。

第二步，走在踩踏平衡触觉板上，踩在摇滚圈中间的空隙经过或爬着上去经过摇滚圈，回程走过活力脚丫并爬过摇滚圈。

第三步，走到草地上打滚，然后骑在羊角球上跳动前行。

2.观察与评价

（1）从摇滚圈下行时要用坐着的方式下来，注意安全。

（2）能弯曲身体在踩踏平衡触觉板中间爬行。

（3）能牵握羊角球平稳地行走在路径上。

（四）填写课后观察记录表

游戏3　小小狮子王

一、活动对象与目标

（1）适合年龄：5～6岁。

（2）训练时长：50分钟。

（3）训练目标。

①通过不同动作统合活动，提高儿童动作转换的流畅性。

②通过跨跳与丢掷练习，提升儿童肌肉的控制力。

③通过爬行，提升儿童的前庭觉感受力。

二、器材准备

表6-8　器材准备

器材名称	发展目标			
	专注力	平衡力	自信心	其他
万象组合	√	√	√	
彩虹河石	√	√	√	
摇滚陀螺	√	√	√	
海洋步道	√	√	√	

三、儿童感觉统合训练师准备

（一）知识要求

了解训练器材的使用特点。

（1）万象组合：见游戏“小象管家”中的介绍。

（2）彩虹河石：根据儿童的发展需要有小、中、大三种规格，可相互堆叠设计不同的高度。运用平衡感踩踏，可以促进儿童全身性动作和肌肉发展。

（3）摇滚陀螺：锥形可带给儿童360°旋转体验，促进儿童的前庭觉平衡发展与肢体动作协调。陀螺正面、背面都可进行坐、站、趴、躺、卷曲等身体体验与动作控制练习，可单人或双人同时游戏，促进人际互动与团体合作游戏。

（4）海洋步道：包含步道、小圆柱组件。步道用于肢体动作的练习，步道上圆洞可随机放入高低不等的小圆柱作为障碍物，进行平衡挑战。利用小圆柱的拿取、放入练习，训练儿童的手眼协调能力。

（二）技能要求

（1）利用不同器材之间的组合促进儿童动作与环境适应能力的发展。

（2）具备活动过程中的观察能力和引导能力。

四、活动过程

（一）课前

故事情景：小狮子王今天要在蘑菇山庄召开森林大会，小猴子、小猪去开会，路上经过小河，经历千难万阻，排除干扰，终于到达蘑菇山庄。我们看看它们都经历了什么吧！

（二）课前讨论与提问

（1）小猪是怎么过河的？

（2）小猴子是怎么打怪兽的？

（三）课堂

1. 活动步骤

第一步，热身运动。活动前带领儿童进行热身运动，如律动操、甩手操、开合舞等。

第二步，请一名儿童示范不同的动作。①双脚跳：手拿豆包袋，双脚跳进、跳出万象组合体能圈。②丢掷：趴在摇滚陀螺上，抬起上半身将手中的豆包袋丢过体能环。③跨走：大步跨走彩虹河石与摇滚陀螺。

第三步，从体能环的一端出发，连续跳体能环，趴在摇滚陀螺上瞄准高处的体能环丢掷沙包，回程跨走通过彩虹河石和摇滚陀螺。

2. 观察与评价

（1）观察儿童能否按照指定路径顺畅地转换不同动作。

（2）观察儿童趴在摇滚陀螺上能否抬起上半身投掷沙包。

（3）观察儿童能否稳定地行走在海洋步道上。

（四）填写课后观察记录表

第三节　前庭—本体觉训练

一、前庭—本体觉训练的生理基础

前庭—本体觉系统感知自身躯体各部位所处的位置，肢体的运动方式、方向、幅度、速度等静态或动态的躯体动作要素。前庭—本体觉训练对发展儿童的运动计划能力、提高动作的精细程度及不同肢体动作间的协调性有直接作用，与视觉等感觉系统共同调控躯体平衡，并能对儿童脑功能的发育、日常活动、学习活动以及成年后的工作产生广泛影响。

由于本体觉的感受器分布于肌肉、肌腱及关节周围，因此本体觉训练均需通过各种运动来实现。

二、前庭—本体觉障碍儿童的表现

前庭—本体觉障碍儿童表现出精细动作不佳，不会系鞋带、扣扣子；吃饭时常常掉饭粒，常流口水；语言不清，发音不准，语言能力发展缓慢；容易摔倒，平衡能力差；对翻跟斗、打滚和爬高等动作没有兴趣；懒惰，行动慢，做事没效率。

案　例

4 岁女孩莹莹特别爱玩使身体旋转的圆凳、旋转球，不仅不觉得头晕难受，而且觉得很满足；在教室常碰撞到桌椅、杯子或旁人，对方向和距离的估计不正确；需双手或双脚配合的动作显得笨拙，如跳舞、吃饭、写字；动作笨拙，容易跌倒，不会伸手保护自己；分不清左右手或方位，总是把鞋子或衣物穿反；常不停地爬上爬下和跑进跑出，不听指令；走路、跑跳常碰撞东西，排队和做游戏有困难；容易分心，不能够专注，坐着也动个不停或上课左顾右盼；表面上看来正常，但学习跟不上或有严重困难。

三、前庭—本体觉训练途径

前庭—本体觉训练一般采取多种途径并行，但以家庭训练为主。如果家长学习能力较强且儿童的问题并不严重，可先以学校或机构的专业训练为主。当家长参与专业训练，熟悉训练内容并掌握基本的技术后，再主要由家长负责训练。问题较为严重且需要较长时间训练的儿童则以学校或机构为主要训练途径。

小贴士

前庭—本体觉家庭训练活动

1. 爬楼梯、滑滑梯：碰撞屁股底部。
2. 爬隧道：爬隧道促进前庭觉、本体觉、视觉和空间感觉的发展。
3. 扣背：扣背是一种很好的本体觉输入，能让儿童安静。
4. 游泳：游泳可以促进触觉、本体觉、视觉、前庭觉的发展，并引导手中线位运动。
5. 负重：温暖自己的双手，稳稳地放在儿童身上，使儿童慢慢地安静下来。
6. 按摩：背部按摩，用拇指一侧或指腹沿着背部两侧的膀胱经和夹脊穴按摩。两只手的拇指摁住长强穴附近脊柱两侧的皮肤，用食指和中指的指腹跟拇指一起捏起皮肤，由下而上提捏皮肤至大椎穴处。
7. 关节挤压：用挤压、拉伸、震动、攀爬、蹦跳等丰富刺激训练儿童。

四、前庭—本体觉训练内容

前庭—本体觉训练内容设计立足前庭—本体觉系统的生理特点，分两个维度：位置觉训练和动觉训练、意识性前庭—本体觉训练和非意识性前庭—本体觉训练。

（一）位置觉训练和动觉训练

前庭—本体觉系统既可感受动作表达结果，也可感受动作表达过程。前者为位置觉，反应肢体间的相互空间位置关系，相应的训练即位置觉训练；后者为动觉，反应动作属性的形成过程，相应的训练称动觉训练。

1. 位置觉及其训练

位置觉是指个体觉知身体各部分所处的空间位置及其相互关系，可谓静态的本体感觉。人的位置觉以天地为首要参照系、以身体特定部位为相对参照系，并随体位及身体造型的变化而变化。

在儿童发育早期，视觉参与位置觉的形成，并起着重要作用。一些感觉统合失调儿童不能或不愿闭眼，很可能是视觉与位置觉整合存在问题。一旦无视觉支持，他们就不能清醒觉知自己身体的位置，引发心理紧张甚至恐惧感。障碍程度严重的各类儿童广泛存在位置觉异常，在接受感觉统合训练时需加强这方面的训练。

2. 动觉及其训练

动觉是个体对动作属性表达过程的感受和觉知，即动态本体感觉。动作属性表现为动作要素及其具体属性。动作由三个要素构成，即动作部位（具体运动器官）、动作方式和动力。它们是动作形成的不可缺少的因素。每一要素又表现为多种具体的属性。

（1）动作部位的具体属性。①动作部位的机能状况。感觉统合训练中不同儿童的不同训练部位的机能状况有较大差异。一些儿童肌力严重不足或肌肉强直；一些儿童本体感受器可能很不敏感，需要大强度刺激。②动作部位有大小之分。解剖生理学一般将人体运动区域分为四大区域：头颈、躯干、上肢和下肢。每一区域又可进一步细分，理论上可以分解到每一块肌肉。单次训练的动作部位过大，会导致其中一些小部位训练不到位；部位过小又不利于发展儿童的整体动作技能。实际训练时，大小部位应交替进行训练。③同时训练的动作部位数量。其基本原则是逐步增加数量，提高训练难度，但以不导致先前训练部位动作严重扭曲或无法表达为宜。④训练部位的主次。多个部位同时参与训练时，应以动作技能表现差的为主，表现好的起支持和辅助作用。总之，动觉训练力争动作部位最大化，直至达到不分区的整体训练。

（2）动作方式的具体属性。动作方式是动作的核心要素，分为关节运动和非关节运动两大类。每一种动作方式在表达时又表现出一些具体属性，主要有单次动作的幅度、速度、稳定性、持续时长、节律特点或特定含义（部分动作），多次动作的次数、频率、一致性、节律特点、规律等。

（3）动力的具体属性。动力是动作形成的驱动力，分为肌张力、肌力和耐力。它们在表达时表现出的具体属性主要有动力大小、持续时长和稳定性等。动作三要素及其具体属性以多种复杂的联系方式共同影响动作的精细度和协调性。儿童本体觉训练的重要目的是提高儿童的动作精细度和协调性。在训练中，各种具体动作方式是基础，具体属性是重点。

（二）意识性前庭—本体觉训练和非意识性前庭—本体觉训练

前庭—本体觉分为意识性前庭—本体觉和非意识性前庭—本体觉。二者的信息传导通路不同，功能不一，需分别训练。意识性前庭—本体觉训练需要儿童在保持足够唤醒水平的前提下，有意识地感受并觉知躯体运动部位的位置关系以及动作表达的具体属性。这是有意识活动的重要信息反馈系统对准确、流畅地完成生活、学习的各种活动的重要作用。该类训练明显受个体认知能力的影响。认知缺陷不严重的儿童可独立或在训练人员引导下觉知前庭—本体觉的刺激属性。认知缺陷严重的儿童的意识性前庭—本体觉训练难度较大，大多等同于运动训练。

非意识性前庭—本体觉的信息传导通路短、信息转换的神经元少、信息传导速度快，是反射性质的，包括训练肌张力的应急调节、运动计划的自动调节、躯体平衡控制及姿势维持等。

五、前庭—本体觉训练方法

前庭—本体觉系统可处理的刺激属性较为复杂，综合考虑训练内容的两个维度，从如下四个方面介绍本体觉的训练技术。

（一）非意识性前庭—本体觉训练技术

非意识性前庭—本体觉训练的核心是引导儿童做出非计划性的动作反应，包括应急反应训练、失衡再平衡训练以及动作自适应训练。非意识性前庭—本体觉训练可提高儿童的动作反应速度、平衡力以及注意力，有效避免意外伤害，提高做事效率，对儿童的健康及发展意义重大。

1. 应急反应训练

在应急反应训练中，儿童躯体接受突发刺激后随即做出肢体应急动作反应。

（1）牵张反射刺激法。在儿童不经意时，训练人员以巧力（力大而短）牵拉、推压、转等方式刺激特定动作部位，引发刺激部位的反射性动作。该方法可渗透在各种活动中，不可单独持续使用，否则会引起儿童有意识地应对或不良情绪反应。

（2）反射性动作诱导法。训练时，在意外刺激的诱导下，儿童身体的特定部位做出躲闪、迎击等应对的动作。例如，下肢应急动作训练中，儿童正常行走，训练人员随机横向抛滚球，儿童快速跨过球等。生活中家长指导儿童在行走、跑动时跨过路面的坑洼、石块、湿滑处等。

2. 失衡再平衡训练

在失衡再平衡训练中，儿童在无意识状态下受到失衡刺激后反射性地做出姿势调整，恢复躯体平衡，属于躯体的整体应急反应。在日常活动中，个体每天都会接受一些失衡与再平衡刺激，所以只要提供充分的室内外活动，就可以提高儿童的平衡调节能力。在专业训练中，失衡刺激的创设是难点，频繁有规律的刺激会引起儿童的警觉甚至抵触。因此，这类训练往往需要穿插在其他训练活动中，或借助于设备来实施。

3. 动作自适应训练

在动作自适应训练中，儿童在集中注意力完成视觉、听觉、触觉为主的活动的同时，肢体自动化表达动作，不关注或间歇关注操作，如边听音乐边整理玩具或搭积木，边聊天边把豆子装进瓶子等。在训练中，训练人员要求儿童把主要精力放在显性的感知活动上，确保完整、准确理解感知内容，顺便完成其他动作。

（二）位置觉训练技术

位置觉训练是在多种体态下引导儿童感知身体具体部位的空间位置，理解身体空间位置的相对性。在位置觉的各种训练方法中，参与塑造的动作部位数量及部位间空间关系的复杂性是两个主要的难度调节因素，完成速度及准确性是评判训练效果的两个基本角度。

1. 典型体位下的位置觉训练

个体日常活动的常见体位主要有卧位、坐位、跪位、蹲位、站立位和倒立位。每种体位又可分为多种具体体位。可觉知的位置概念有上下、前后、左右、内外、远近、中心和周围，以及它们的就近概念和组合概念。典型体位下的位置觉训练就是在特定体位下引导儿童觉知身体各部位的位置，以及相同部位在不同体位下的位置变化，同时教育儿童理解、识记具体体位及方位。

训练初期尽可能减少对儿童视、听、触压等感觉的干扰。如果儿童配合，在闭眼或戴眼罩的情况下会更有利于位置觉的训练。

2. 特定造型下的位置觉训练

身体各部位经过运动形成的独特空间关系，即造型。塑造各种身体造型是训练儿童位置觉并让儿童掌握相关概念的基本技术，对儿童适应生活、学习有重要意义。

（1）塑造及再现。儿童取合适体位，身体各部位放松。训练人员随意操作儿童身体可动部位后形成特定造型，儿童充分感受被塑造的过程，然后自主或在辅助下再现造型。每个部位最终的空间位置要单独塑造，最终形成多个部位的特殊位置关系。塑造最好一步到位，不可反复，否则会造成严重干扰。所以，训练人员需先做好设计，预演塑造，再对儿童肢体施加塑造。同时，训练人员要让儿童闭眼感知塑造过程，特别是上下肢可视部位的塑造。在塑造过程中，训练人员只解释基本要求，不必过多解释。

（2）模仿塑造。儿童模仿完成训练人员的示范造型或图片中的造型，是前庭—本体觉、视觉和动作的整合训练。模仿可分为分节模仿和整节模仿。首先进行分节模仿。儿童边看训练人员的示范边逐个塑造相同的动作部位，掌握每个部位的造型特点后，再将多个部位的造型连贯表达，形成最后的特定造型，然后尝试整节模仿。儿童观摩完整的示范后，再凭记忆连续完成塑造。最后，儿童可以根据图示完成肢体动作部位的塑造。

（3）塑造的高位统合训练。能力好或进步大的儿童，可将言语、认知和动觉加以整合进行训练。

第一，儿童根据训练人员的指令、解释或说明，完成特定造型的塑造。指令可有两种方式。一是一个指令后随即是儿童的操作，其后是下一个指令和儿童的下一步操作，直至完成全部操作。这种方式多用于新开展的或难度大的训练。二是多个指令一次呈现。儿童理解并记忆完整指令后，连续完成操作，是高位统合训练中提高训练难度的重要方法。

第二，儿童视觉屏蔽。训练人员操作儿童肢体完成造型塑造，儿童肢体复原后解除视觉屏蔽。随后，儿童口述塑造过程，或凭记忆选择相关词语，准确全面地反映塑造过程及造型。词语涉及动作部位，肢体运动方式、方向及最终定型的具体位置。当儿童不能准确表述或选择出全部恰当的词语时，训练人员可重复操作全过程或部分环节，给儿童纠正、补充的机会。

第三，儿童将塑造过程或造型与某些情景相联系或赋予某种意义，如屈体作揖的造型与过年拜见长辈的情景相联系。儿童还可以根据训练人员描述的具体情景，自行设计造型并表达塑造过程。

（4）体操、武术、舞蹈、太极拳及柔术等运动可以创造非常丰富的特定造型，是训练儿童位置觉的非常好的载体。本体觉功能失调或动作发展不佳的儿童进行这些方面的训练会大有益处。

（三）动觉训练技术

动觉是动作属性表达的觉知及调节反馈，是前庭—本体觉训练的重心。动觉训练应从动作要素入手，就动作的各种具体属性加以展开，训练技术因属性不同而不同。

1. 动作部位的觉知训练

全身可表达动作的部位分为四大区（头颈、躯干、上肢和下肢），每个分区又有数量不等的具体动作部位。训练人员首先需全面系统地分层解析每个分区，了解具体可动部位，并熟悉其通用名称。对于绝大多数儿童而言，动作分区及具体部位的训练渗透在动觉训练其他活动或其他学科教育中即可，无须专门设计动作部位训练的内容。训练初期，训练人员全面地训练儿童对动作分区及具体部位的认识，便于后续训练的信息交流。

2. 动力的觉知训练

在开展训练前，训练人员要详细解析动力可表达的各种具体属性，明确其名称。动力大小细分为大中小、越来越大、稍大稍轻等。动力的稳定性是前两个属性的组合，是训练的重点和难点，可细分为单次用力过程的力量的变化情况，多次用力间的力量变化、频率、节律及其规律等。训练初期，训练人员在对儿童施加刺激的同时，需要准确告知儿童当下感受到的刺激属性及其名称，引导儿童将觉知到的属性与相关概念相联系。训练中期，训练人员可在实施刺激的同时或结束时，要求儿童报告感受到的刺激属性。训练人员对儿童施加动力刺激，儿童觉知刺激属性后，以训练再现刺激属性。

3. 动作方式的觉知训练

动作方式是动觉训练的核心，动觉的其他两要素的训练大多需依附于该要素实施。

在训练前，训练人员需参照训练内容介绍的动作部位及动作方式的总体结构，分区分层给儿童解析全身的动作部位，使儿童熟悉每个具体动作部位的名称、可表达的动作方式及其名称。训练初期，训练人员对儿童施加刺激的同时，应准确告知儿童当下觉知到的动作方式及其具体属性，引导儿童将觉知到的刺激属性与相应的名称或概念相联系，为后续训练做铺垫。在前期训练的基础上，儿童需在闭眼状态下先感受施加的刺激，再表达感受的刺激属性。例如，对于连续、缓慢、大幅度外旋训练，训练人员先握住儿童的腕部，要求儿童闭眼或戴眼罩，然后均匀、不间断地缓慢外旋儿童单侧上肢，直至最大限度，可重复几次。

（四）运动技能训练技术

（1）在简单运动技能中强化动作要素及其具体属性的训练。本体觉失调儿童首先要加强多种简单运动技能的训练，并要理解、识记有关概念的名称。这些简单运动多是生命活动的徒手运动，主要有坐、翻身、爬滚、起立、行走、转身、跑跳、拍手、抛投等。

（2）尝试更多的复杂运动技能。根据儿童的动作技能发展水平，训练人员或家长为儿童创造机会，让其尝试多种运动技能，如拍球、传球、踢球、跳绳、游泳、跳舞等相对复杂的运动技能，提高儿童参与训练的积极性，并发现儿童感兴趣的运动领域。

（3）熟练掌握几项运动技能，力争使其成为生活的重要组成部分。在前期广泛参与的基础上，根据儿童的意愿，训练人员支持儿童有规律地持续进行几项运动。对于儿童运动项目的选择，首先要符合儿童的兴趣，最起码不使儿童产生抗拒情绪。

（4）总结训练的有效性。训练人员是儿童运动技能训练的组织者、指导者和参与者，有效的训练技术因人而异，需训练人员在实践中开发和总结。其基本原则是改变：在活动项目、组织形式、示范解释、评价反馈和引导支持等方面进行调整和创新，形成有针对性的个性化训练技术。

六、前庭—本体觉训练强度控制

前庭—本体觉训练主要通过运动来实施。单次训练的力量负荷、活动转换的频率、持续的时长、间歇休息时长、参与训练的动作部位数量、言语认知负荷的难易度、每天训练总次、数周训练的频次、儿童训练时的精神状态等，是确定训练强度时需要考虑的因素。对于单次训练及训练周期内容，训练人员及家长不仅要关注儿童当时的训练表现，还要观察评估训练后第二天或更长时段其身体恢复情况以及对训练的兴趣等，适时调整训练强度，确保可持续训练。其基本原则是将训练强度逐步提高到一定水平，忌长时间、低强度训练。所以，训练初期最好以低强度训练为宜，不出现生理疲劳，随儿童体能的提升而逐步提高或波浪式提高训练强度。由于儿童体质、体能恢复等身体素质存在差异，强度增加的幅度也应该因人而异，需在训练实践中摸索。

七、前庭—本体觉训练的注意事项

前庭—本体觉训练的注意事项有如下几个方面。

（1）解析是手段，整合是目的。为了更全面、更有针对性地训练，训练活动设计及组织实施往往需要对训练活动对象及内容进行因素分析，将动作部位、动作方式、动力及其具体属性进行分层解析，深入“基层”，理解本质，避免遗漏，并在更具体的层面进行训练。但是局部的训练并不能形成个体的整体能力，在分层分类训练的基础上将动作各要素以及各要素下的具体属性加以整合，进行整体训练，最终形成适应生活和学习的有效技能及能力。总之，解析及进行相应的局部训练是手段，整合及发展整体能力才是目的。

（2）区分运动训练和前庭—本体觉训练。前庭—本体觉训练大多通过运动实现，最终促进运动能力发展。前庭—本体觉训练的核心是感觉系统的训练，在有效刺激外周感受器的同时为中枢输入明确的前庭本体感受信息。运动训练的本质是信息由中枢向肌肉组织的输出，最终训练的是肌肉、骨骼的生理机能，个体习得相关运动技能。为此，训练人员在训练中一定要有意识地引导儿童觉知训练施加的刺激属性，形成表象和记忆，然后通过运动表达刺激属性。当然，对于认知障碍严重的儿童而言，只能借助于运动发展本体功能。

（3）视觉屏蔽很重要。前庭—本体觉是淡感觉，易受视、听、触等感觉信息的掩盖。现实中“看着容易，做起来难”的情况每个人都有所体会。为了准确连续觉知前庭—本体觉刺激信息，多数儿童需要在训练中屏蔽其他感觉，主要屏蔽视觉信息。

（4）尽量协同认知、言语及规则等方面的训练内容。儿童教育训练核心的任务是发展认知能力。前庭—本体觉训练涉及大量与生活和学习相关的概念、术语和名称，需要儿童理解和识记。训练活动要尽量渗透相关知识内容，或专门对儿童进行训练。

（5）高位统合训练视具体情况开展。感觉统合训练中高位统合训练是力争实施的训练内容，但它对儿童的认知能力及配合度有较高的要求，是整个感觉统合训练的难点。训练人员需视具体情况进行难易度不等的训练。

八、前庭—本体觉训练项目的实施方法

（一）大笼球游戏

大笼球游戏需要的器械是大笼球。

训练动作：训练人员将儿童俯卧于大笼球上，手握儿童的手腕等部位，前后左右运动，动作幅度逐渐增大。儿童可闭眼或睁眼感受身体位置的变化。

（二）指点悬球

指点悬球需要的器械是足球。

训练动作：儿童取卧位，训练人员手拿足球，让儿童依据指令指点足球的位置。训练过程中，训练人员改变自己的姿

视频 6-3-1
指点悬球

态或改变与儿童的距离，从而调整训练的难度。

（三）袋鼠跳跳

袋鼠跳跳需要的器械是袋鼠跳布袋。

训练动作：训练人员将儿童立于跳布袋内，让儿童双手抓袋边，根据提示的方向，双腿屈曲半蹲起跳、左右跳或原地跳。训练过程中注意跳跃的幅度、频率及不同方式的转换。

视频 6-3-2
袋鼠跳跳

（四）日常生活训练

加强室内外的日常身体活动是非常有效的训练途径，如跳皮筋、捉迷藏、翻筋斗、踢毽子、打沙包、游泳、轮滑及各种球类运动等。

游戏活动

游戏1　好饿的毛毛虫

一、活动对象与目标

（1）适合年龄：3 ~ 4 岁。

（2）训练时长：50 分钟。

（3）训练目标。

①感知和辨别肌肉伸展或收缩时的张力。

②控制关节位置、关节活动的方向和速度。

③根据指令用不同的方式行走。

二、器材准备

表 6–9　器材准备

器材名称	发展目标			
	专注力	平衡力	自信心	其他
万象组合	√	√	√	
波浪触觉步道	√	√	√	
串苹果	√	√	√	

三、儿童感觉统合训练师准备

（一）知识要求

了解训练器材的使用特点。

（1）万象组合：见游戏“小象管家”中的介绍。

（2）波浪触觉步道：针对儿童“走的发展需要”设计高低起伏的步道，利用不同的弧度让儿童的脚板适应各种坡度，利用步道表面上的圆点、线条提供脚底触觉刺激，利用循环、绕圈行走促进儿童了解并找到身体重心。

（3）串苹果：多角度的苹果积木促进儿童手部操作的稳定性及空间建构能力发展；独特的穿线增进儿童手指的精细动作、观察力以及空间概念的发展。

（二）技能要求

（1）具有不同器材之间的搭配组合能力。

（2）游戏不同环节促进儿童感觉统合发展。

四、活动过程

（一）课前

故事情景：雨过天晴，毛毛虫的肚子好饿，它要去找吃的，但路面湿滑，怎么去呢？

（二）课前讨论与提问

（1）毛毛虫是怎么行走的？

（2）毛毛虫吃什么食物？

（三）课堂

1. 活动步骤

第一步，场景搭建。将万象组合体能棒进行波浪形固定，让儿童可以从三角形爬过；小体能环中放置 5 ~ 10 个苹果，波浪触觉步道放置另一侧，终点处放置体能环和串苹果。

第二步，训练师示范从万象组合爬过，提醒儿童不能触碰体能棒，穿过后拿取一个苹果，注意每次只能拿取一个，沿着波浪步道行走将苹果带到终点处的大体能环内。

第三步，儿童依次将苹果拿取完后在大体能环内穿苹果，完成任务。

2. 观察与评价

（1）儿童能大步行走在波浪步道上，并保持身体平衡、不掉落。

（2）儿童能快速钻爬通过。

（3）儿童能将苹果对准插入苹果洞里。

（四）填写课后观察记录表

游戏 2　小小快递员

一、活动对象与目标

（1）适合年龄：4 ~ 5 岁。

（2）训练时长：50 分钟。

（3）训练目标。

①通过整合钻爬、合作运物等活动训练身体的协调以及团队协作能力。

②练习手眼协调能力。

二、器材准备

表 6–10　器材准备

器材名称	发展目标			
	专注力	平衡力	自信心	其他
万象组合	√	√	√	
波浪触觉步道	√	√	√	
闪电跷跷板	√	√	√	
摇滚跷跷板	√	√	√	
摇摇小树苗	√	√	√	

三、儿童感觉统合训练师准备

（一）知识要求

了解训练器材的使用特点。

（1）闪电跷跷板：结合跷跷板的趣味性和平衡板的训练性，学习控制力量，保持平衡，练习身体重心的转换。利用平衡板中间的轨道迷宫游戏，锻炼手、眼、脚的协调能力和腿部大肌肉的力量。

（2）摇摇小树苗：由 Y 形树枝、豆包袋、大熊猫套圈和小猴子套圈组成，通过投掷提高手腕灵活性和手眼协调能力。

（二）技能要求

（1）利用不同器材之间的组合促进儿童动作与环境适应能力的发展；

（2）具有活动过程中的观察能力和引导能力。

四、活动过程

（一）课前

故事情景：红袋鼠快递公司今天要去小河滩的小乌龟家送一个摇摇小树苗快递，快递员小河马突然病了，让小朋友帮忙送一下。你怎么送呢？

（二）课前讨论与提问

（1）小乌龟家路途遥远，要经过山洞、小河，怎么才能把物品快速、安全送到？

（2）经过小河时，怎样才能不让快递掉进水里？

（三）课堂

1. 活动步骤

第一步，训练师说明在去小乌龟家的路上有很多圈圈，手拿豆包袋爬行时不能碰到，并请一个儿童示范动作。

第二步，钻过山洞后踩踩踏石经过波浪触觉步道。

第三步，经过波浪触觉板后，踩摇滚跷跷板经过该区域。

第四步，站在万象组合脚印上将套圈套到摇摇小树苗上。

2. 观察与评价

（1）能顺利钻爬万象组合体能环。

（2）能平稳站在摇滚跷跷板上。

（3）能手眼协调地将套圈套到摇摇小树苗上。

（四）填写课后观察记录表

游戏 3　小小军营

一、活动对象与目标

（1）适合年龄：5～6 岁。

（2）训练时长：50 分钟。

（3）训练目标。

①锻炼儿童身体动作的协调能力。

②提高儿童的运动企划能力。

二、器材准备

表 6-11　器材准备

器材名称	发展目标			
	专注力	平衡力	自信心	其他
滑滑梯	√	√	√	
万象组合	√	√	√	
摇滚圈	√	√	√	
重量背心	√	√	√	

三、儿童感觉统合训练师准备

（一）知识要求

了解训练器材的使用特点。

（1）滑梯：主要刺激儿童臀部与滑梯面的摩擦感受力。

(2)重量背心：使用沙袋缝制的多种颜色背心。根据儿童年龄选择不同的重量，增加儿童的负重感，提升儿童的平衡能力。

（二）技能要求

（1）选择 1 千克的儿童负重背心，儿童穿戴一般不超过 15 分钟。

（2）训练儿童匍匐前进不低于 5 米，羊角球弹跳不少于 50 个。

四、活动过程

（一）课前

故事情景：小牛要参加每年一届的军营运动会，为了拿金牌，他积极备战，训练负重背物、匍匐前行、爬雪山过草地、走独木桥等。

（二）课前讨论与提问

（1）匍匐前行的动作要领是什么？

（2）走独木桥的平衡要领是什么？

（三）课堂

1. 活动步骤

第一步，负重背物。儿童穿上 1 千克沙袋背心，增加负重感。

第二步，匍匐前行。训练师使用万象组合体能棒搭建隧道，让儿童以躯体贴近地面，以手臂和腿的力量攀爬，使身体整体前进。

第三步，爬雪山、过草地。训练师使用 1/2 摇滚圈，让儿童攀爬上去再下来，再从滑梯滑下来，骑羊角球经过草地。

第四步，走独木桥。利用万象组合搭建独木桥，让儿童依次经过。

2. 观察与评价

（1）儿童穿上重量背心匍匐前进。

（2）儿童走平衡板时根据状况增减长度。

（四）填写课后观察记录表

第四节　视觉空间能力分辨与知觉训练

一、视觉空间能力分辨与知觉训练的生理基础

视觉空间能力分辨与知觉是一种将到达眼睛的可见光信息进行解释，并利用其来计划或行动的能力。视知觉是从眼球接收到视觉刺激后，然后一路传导到大脑的过程。因此，视知觉包含视觉接收和视觉认知两大部分。看见了物体的存在，是与

视觉接收有关；了解看到的物体有没有意义、大脑怎么做解释，是属于较高层次的视觉认知部分。

大脑接收的感觉信息 80% 以上来自视觉，视觉信息的准确获取、正确加工和解码是大脑进行高效的认知加工的基础。我们的知觉、记忆和思维也有相当大一部分是以视觉为组织、加工和储存形式的。视觉模式识别和视觉命名功能不足可导致个体视觉效率和采样率降低。眼球运动功能不足可导致阅读速度慢和不协调。融合功能和立体视觉功能不足可导致距离感差，容易产生视疲劳，以及因注意力不集中而造成的认知方面的影响。视觉与学习能力的关系密切相关。

二、视觉空间能力分辨与知觉问题儿童的表现

视觉空间能力分辨与知觉问题儿童主要表现为：注意力不集中；学业成就落后于同年龄儿童的平均水平；对某些事物的记忆能力强，但对读、写、算方面的记忆能力弱；运动技巧差，动作协调不良；阅读时常有增字、漏字、前后颠倒或跳行现象，速度过快或过慢，停顿次数过多；擅长朗读或背诵，但对内容一知半解；写字时常多一笔或少一画，部首张冠李戴、左右颠倒；写字时看一眼写一笔，做作业的时间过长，忽略逗点；说话时缺乏组织，内容单调重复，逻辑混乱；语言发展迟缓，表达能力明显不足；唱歌的音调、节奏不正确，发声、速度、轻重掌握不好；畏缩、被动，社交能力低下，不会与同伴交往；等等。

三、视觉空间能力分辨与知觉训练途径

视觉空间能力分辨与知觉训练不受特殊条件的限制，一般家庭训练、日常活动训练与机构训练同时进行。训练初期以视觉空间能力分辨与知觉训练为主，家庭成员需参与专业人员设计、组织的训练活动，学习相关基础知识和操作技能，实现训练技术由专业机构向家庭转移。视觉空间能力分辨与知觉训练的基本模式是，从家庭训练与机构训练相结合逐渐过渡到家庭训练。

四、视觉空间能力分辨与知觉训练内容

视知觉是以视觉为基础，能让儿童对视野内的物体进行观察和辨别的能力。这种能力主要包括视觉注意力、视觉辨别能力、视觉记忆能力、视动统合能力、视觉联想能力等。

（一）视觉注意力

视觉注意力包含以下几个层面。

（1）物体出现于眼前，能不能注意到是很重要的。

（2）注意到了之后，能不能持续注意，还是很快就转移到别的地方。

（3）如果眼前不止一个物体，要选择注意哪一个，而忽略不相关的。

（4）必须同时注意两个以上物体的时候，能够妥善分配及应用。

注意力不足常是注意缺陷及多动障碍儿童、孤独症儿童、智能不足儿童常见的困扰之一。

（二）视觉辨别能力

视觉辨别能力是对环境中的人、物、线条或文字的辨别能力，表现为以下两方面。

小贴士

视知觉家庭训练

1. 视觉的协调和追踪训练

（1）视觉的一般协调通过走动、跳、聚焦、滚球、纸飞机、玩具赛车、电动小火车的前灯等进行目光追视。

（2）方向性训练通过水平线、垂直线、斜线、旋转等训练孩子的方向感，如找迷宫。

（3）利用视觉形式的分辨进行基本的区分训练，如丛林寻宝。

把几组中不同形状的宝物圈起来或从后面写上该物的个数。

66666666668666666666666666666666686666666668666666 （　　）个 8

66666666606666666666666660666666666606666666666660 （　　）个 0

8888888838888888883888888883888888888838888888888838 （　　）个 3

FFFFFFHFFFFFFFFFFHFFFFFFFHFFFFFFFFFFHFFFFFFFFFHFFFFFF （　　）个 H

GGGCGGGGGGGGGCGGGGGGGGGCGGGGGGGGGGCGGCGGG （　　）个 C

ZZZZZZZZSZZZZZZZZZZZSZZZZZZZSZZZZZSZZZZZZZZZZSZZZZZZZZ （　　）个 S

天天天大天天天天天大天天天天天天天天天大大天天天 （　　）个大

我我我我我我找我我我我我我我找我我我我找我我我我 （　　）个我

2. 视觉记忆——扑克牌游戏

家长可以随便选 4 张扑克牌，一线排开，让孩子仔细看一段时间并记住。15 秒后收走，让孩子依次排出；或者将其中的两张排克牌变换位置，让孩子说出来，之后可适当加大难度。

3. 图形——背景区分：找不同

在两幅略有差别的画中让孩子找出不同之处。

4. 手影游戏

在室内关掉主灯，留下一个小夜灯，和孩子一起用双手做出各种造型，让孩子体验变化的奇妙。

5. 视觉——动作记忆

家长做出一些连续动作，让孩子跟着做动作，保持连续性。一个过程完毕后让孩子重复。

6. 视觉——动作统合

精细运动训练，可让孩子进行扣扣子比赛。

7. 视觉——运动，空间——形式操作

借助于捏陶泥、橡皮泥，堆沙、积木，物品分类等活动开展。

①能认出物品之间特征的异同点，接着进行配对。例如，儿童从经验中知道不只是狗有四只脚，猫、狮子、长颈鹿都有，会正确区分它们的不同。②辨认物品的颜色、质地、大小、粗细。即使物品的形状、大小、位置、环境发生改变，也能辨认出。例如，儿童的杯子被挡住了一半，或是翻倒在桌上，虽然形状不完整，或放的位置变了，儿童还是认得出那是自己的杯子。视觉辨别能力是影响儿童学习的重要因素，它随着儿童年龄的增长而提高。但是这种能力的发展有着极大的个别差异性。视觉辨别能力的发展与儿童从小所受的训练和教育环境有很大的关系，是儿童进行阅读、书写等活动的前提条件。

（三）视觉记忆能力

把当前看到的事物和以前的经验做比较，加以分类、整合，储存在大脑中，即视觉记忆。例如，妈妈一开始指着狗告诉孩子这是狗，孩子看到狗有四只脚的特征，日后只要看到有四只脚的动物就会说是狗，直到记忆累积越来越多，分类越来越细，才能进一步发展出区辨各种事物的能力。

（四）视动统合能力

视觉统合能力是指控制视觉与身体各部分精细动作相互配合的能力。在日常生活中我们常常需要这种能力，如夹菜、喝水、扣扣子、系鞋带等，而在学习中运用视动统合能力的情况就更多了，如写字、画图、做手工、做实验等。

（五）视觉联想能力

视觉联想能力是指不用看到物品，大脑就能想象出物品具体的样子。比如，老师说“画一朵花”，儿童能够听到老师的话之后想出花的样子，最后正确画出花。

五、视觉空间能力分辨与知觉训练方法

（一）视觉精度训练

视觉精度训练是指在儿童视野所及的范围内，锻炼其主动、准确区分物体的能力，主要从三个方面开展。

（1）视觉探索：利用颜色、光线、放大镜等进行分辨观察，如将蓝色的积木块与其他颜色的积木块混在一起，让儿童挑选出蓝色的积木。

（2）视觉描述：通过描述某一项活动，或描述图片故事书等形式进行训练，如儿童看完绘本故事后，让儿童描述自己所看到的场景。

（3）视觉理解：对所看到的某个事物或事情认知、理解的能力，如猜谜游戏，训练人员做一个动作，让儿童猜出训练人员在做什么。

（二）视觉辨别力训练

视觉辨别力训练包括求同、求异两个方面，把一个物体与另一个物体区别出来。例如，在一系列图案（如数字或汉字）中有一个是不同的，训练人员让儿童找出来。

（三）视觉记忆力训练

视觉记忆力训练主要包括符号训练、简单的记忆训练、数字和字母记忆训练。

（四）视觉动作记忆训练

进行视觉动作记忆训练时，训练人员可以先做一些连续动作，如蹲下后起身、向右转再双手上举等，注意动作之间不间断，保持连续性。一个过程完毕后让儿童再重复练习。

（五）视动统合训练

进行视动统合训练时，训练人员可以通过画人、画物等方式来开展。例如，进行图画猜谜时，训练人员或家长可以先准备一些完整的图画，再分别剪成几部分，让儿童重新拼好。

六、视觉空间能力分辨与知觉训练强度控制

视觉空间能力分辨与知觉训练强度的控制主要有：控制每次训练的时长、训练项目的密集程度、训练环节重复的次数等。一般控制强度可以通过调节训练内容的数量、调控训练内容的难易度、调整训练内容的实施方式等来实现。

七、视觉空间能力分辨与知觉训练的注意事项

（1）训练人员在训练实施过程中要根据训练目标适时调整训练内容，调节训练的水平。

（2）训练人员要对儿童有全面了解。为了有效实施训练，训练人员需要在训练中有意识地收集、积累关于儿童的各方面信息，以便更好地设计训练方案、有效调控训练活动。

（3）全面系统学习相关知识。视觉空间能力分辨与知觉训练的内容比较多、比较细，需要训练人员及家长全面学习和准确理解，并在实践中反复训练。该领域训练对技术和方法的创新要求高，但训练技术的创新仍然是训练有效性的关键。因此，训练人员在掌握基本技术的基础上，要不断尝试创新方式方法，避免有限技术给儿童及训练人员造成心理疲劳。

八、视觉空间能力分辨与知觉训练项目的实施方法

（1）七巧板拼图。先利用彩色七巧板拼出各种有色彩的图形（色彩有提示作用），再用同色七巧板拼出各种图形。

（2）彩纸拼图。让儿童利用各种颜色或画有各种图案的彩纸来复制各种模式（如人、植物、动物等）。例如，把画有人体各部位的彩纸拼成一个人，把肢解的动物或植物复原等。

（3）搭积木。先练习用彩色的木制或塑料制积木拼几何形状或模型，后用同色的积木拼搭。

（4）从图片中寻找图形。在一幅图中发现一系列物体或图形，如要求找出所有正方形等。

（5）木珠拼图。用一串木珠复制一些图形或摆成不同形状。

（6）猜谜。要求儿童解谜，谜底可以是人、动物、形状、数字或字母等，但谜面必须是视觉信息或视觉想象的内容，如“麻房子、红帐子，里面住了个白胖子”（打一食物——花生）。

（7）分类。要求儿童按大小或颜色把几何形状分类；学会用不同的分类标准将扑克牌分类。

（8）各种智力拼图。将原本完整的彩图按照一定的规律拆解成若干个小部分，要求儿童根据原图还原。

（9）摹写图形。要求儿童把家长写或画在黑板上的具有不同空间位置、不同形状的图形摹写在纸上。

（10）几何形状的匹配。要求儿童把不同大小或不同形状的盖子盖在相应的瓶子上，或要求儿童按照画着的形状把相同的找出来。

（11）纸牌游戏。利用纸牌作为教学材料让儿童来匹配数字、图形等。

（12）数字、简单字或词的游戏。对数字、简单字或词的视知觉与辨别是重要的阅读准备技能。家长可以通过合适的游戏让儿童对字母与数字进行配对、分类、命名等。例如，让儿童把图片上画的图形与词进行配对；让儿童利用某种特征（如动物、交通工具等）对所有的词汇进行分类；也可以利用与纸牌游戏、字母与数字游戏相同的方法来进行词的视知觉训练。

（13）寻找遗漏的部分。家长把一些实物（如人、动物、植物、日常用品等）画在图片上，在画的过程中有意识地漏掉某个部分，让儿童把遗漏的部分找出来。

（14）知觉速度。利用速示器或快速地呈现卡片来提高儿童认图片、图形、

字母、数字、字词的速度。

（15）写、画训练。让儿童通过涂鸦的方式适当画一些“作品”，以训练儿童的手眼协调、视觉追踪等能力。

（16）迷宫训练。让儿童做大量的迷宫练习或自己动手制作迷宫，训练儿童的视觉浏览、视觉追踪等能力。

游戏活动

游戏 1　地鼠找食物

一、活动对象与目标

（1）适合年龄：3～4岁。

（2）训练时长：50分钟。

（3）训练目标。

①视觉记忆能力训练。

②图形分辨能力练习。

二、器材准备

表 6-12　器材准备

器材名称	发展目标			
	视觉联想	视觉记忆	视觉分辨	视觉追踪
七巧板	√	√	√	
球	√	√	√	√
碗、黄豆、绿豆、黑豆	√	√	√	√
数字卡	√	√	√	

三、儿童感觉统合训练师准备

（一）知识要求

视觉记忆。视觉记忆是感知记忆的一种，它通过看来保存事物的感性特征，具有典型的直观性。以感知过的事物形象为内容的记忆是形象记忆。这些具体形象可以是视觉的，也可以是听觉的、嗅觉的、触觉的或味觉的。人的形象记忆发展的水平受社会实践活动制约。比如，音乐家擅长听觉形象记忆，画家擅长视觉形象记忆。大多数人的形象记忆均属于混合型。

视觉辨别力。视觉辨别力是指儿童能够利用视觉来区分环境中的人、事、物的形象、形状或符号，如大小、远近、高矮、长短、胖瘦的能力。视觉辨别力会随着儿童年龄的增长而提高。视觉辨别力的好坏直接影响儿童书写、阅读的效果。

（二）技能要求

（1）掌握训练儿童手眼协调和视觉记忆的能力。

（2）能引导、启发儿童对训练游戏产生兴趣。

四、活动过程

（一）课前

故事情景：小地鼠家族生活在地洞里，秋天趁着农民伯伯秋收忙着收藏过冬的粮食，它们挖了几个大粮库，忙着搬运粮食。小朋友们，咱们去看看吧！

（二）课前讨论与提问

（1）小地鼠有好几个粮仓，它们之间是怎么相通的?

（2）一个小地鼠偷懒把粮食混在一起了，该怎么办?

（三）课堂

1.活动步骤

第一步，找出七巧板中有几个三角形，并挑出对应的数字卡。

第二步，传球接球，和儿童面对面保持一定的距离，然后将皮球抛向儿童，儿童接到皮球之后再抛给训练师或家长，锻炼视觉追踪能力和手眼协调能力。

第三步，挑豆子。准备半碗黄豆，放入10粒绿豆、黑豆混进去，然后让儿童把里面的绿豆、黑豆挑出来。锻炼儿童的手眼协调、颜色分辨和手部精细动作能力等，同时也可以锻炼儿童的专注力。

2.观察与评价

（1）儿童寻找不同三角形的时间的长短。

（2）儿童传球的敏捷度。

（3）儿童挑拣绿豆、黑豆的速度。

（四）填写课后观察记录表

游戏2　蜜蜂的新家

一、活动对象与目标

（1）适合年龄：4～5岁。

（2）训练时长：50分钟。

（3）训练目标。

①图形分析训练。

②专注力练习。

二、器材准备

表 6-13 器材准备

器材名称	发展目标			
	视觉联想	视觉记忆	视觉分辨	视觉追踪
蜜蜂步道	√	√	√	
舒尔特方格	√		√	√
右脑训练图片	√	√	√	

三、儿童感觉统合训练师准备

（一）知识要求

图形分析训练就是对图形的性质的认识、分析，这里是指让儿童简单地识别、理解图形的基本含义的训练。

注意力训练是指使用特定方式训练儿童集中注意力的方法。

（二）技能要求

（1）能掌握舒尔特方格的操作流程。

（2）能生成注意力训练的游戏或方案。

四、活动过程

（一）课前

故事情景：蜜蜂山坡上的新家终于盖好了，四周是盛开的鲜花和茂密的树林，还有弯弯的小河，好漂亮啊！小蜜蜂邀请小朋友去做客，你能找到小蜜蜂的新家吗？我们出发吧！

（二）课前讨论与提问

（1）小蜜蜂的家有多少个房间？

（2）小蜜蜂家的山坡上有多少种花，你认识几种？

（三）课堂

1. 活动步骤

第一步，使用舒尔特方格训练，在一张白纸上画一张 5×5 的方格。用 1～25 的数字填充表格，让儿童按 1～25 的顺序指出数字，并计算完成时间。如果儿童一开始觉得难，可以先做 3×3、4×4 的形式，以后再增加难度。父母也可以和孩子竞争，这样可以缩短训练时间，提升训练兴趣。有条件的可使用舒尔特方格软件工具。

第二步，训练师拿出划消训练纸让儿童在规定的时间内完成。

第三步，训练师分别取出多张图片，分别让儿童由易到难找出不同、找出有多少个人脸、找出后连线等。

2. 观察与评价

（1）儿童能快速准确地说出舒尔特方格数字。

（2）儿童能在规定的时间完成划消训练。

（3）儿童能对找不同表现出兴趣并持续提升难度。

（四）填写课后观察记录表

游戏 3　大象爷爷的小果园

一、活动对象与目标

（1）适合年龄：5 ~ 6 岁。

（2）训练时长：50 分钟。

（3）训练目标。

①掌握视觉分析技巧。

②发展视觉空间能力。

二、器材准备

表 6-14　器材准备

器材名称	发展目标			
	视觉联想	视觉记忆	视觉分辨	视觉追踪
图画纸	√		√	
图卡	√		√	
视觉棒	√	√	√	√
蜡笔	√		√	√

三、儿童感觉统合训练师准备

（一）知识要求

视觉分析包括水平视野分析、垂直视野分析和视野协调分析三部分。从视觉心理出发，对道路的空间线形及其与周围自然景观和沿线建筑的协调等进行研究分析，以保持视觉的连续性，使行车具有足够的舒适感和安全感的综合设计，被称为视觉分析。

视觉空间能力主要分为视觉空间感知能力和视觉表现能力。视觉空间感知能力是指能准确掌握及表现视觉空间的能力，分为方位的感知能力、明暗度的递进感知能力、色彩度的感知能力、几何形状的感知能力、非几何空间的多维感知能力等。视觉表现能力包括色彩表现能力、细节表现能力、空间表现能力、几何表现能力、抽象空间能力等。

视觉空间感知能力对书写和对数字概念的理解、计算，以及处理比较复杂的学习问题有着非常重大的意义。视觉空间知觉能力发展不佳的儿童往往会出现写字左右颠倒、间架结构处理混乱、对数量关系不易理解等缺陷，难以形成良好的推理能力。视觉空间感知能力可以通过让儿童辨别物体、触摸与视觉相结合，以及运动与视觉相结合的方式来训练。

（二）技能要求

（1）具有视觉空间的训练变换能力。

（2）掌握房、树、人绘画分析的能力。

四、活动过程

（一）课前

故事情景：大象爷爷有个小果园。一到秋天，满园挂满了各种各样的果实，有柿子、香梨、苹果等。大象爷爷邀请小朋友去果园采摘，我们出发吧！

（二）课前讨论与提问

（1）红色的水果都有哪些？

（2）圆形的水果有哪些？长长的水果有哪些？

（3）香梨挂在树上哪个位置？枣树上有几串红枣？

（4）大象爷爷的小果园里一共有几种果树？

（三）课堂

1.活动步骤

第一步，训练师示范用绳子把苹果悬吊起来来回转动，让儿童分别用双手五指对应夹住苹果，锻炼儿童的手眼协调和视觉空间能力。

第二步，将柿子、香梨、红枣、苹果图片放置在小黑板上，将第一步中悬吊的苹果换成一个视觉球来回晃动，要求儿童利用视觉训练棒上的色带对应记忆黑板上放置水果的颜色撞击视觉球。训练师可随意变换黑板上水果图片的顺序让儿童训练记忆。

第三步，让儿童观察树上不同水果的位置与数量，并使用蜡笔画出。

2.观察与评价

（1）儿童能用五指对应夹住来回晃动的苹果。

（2）儿童能利用视觉棒上的颜色正确对应黑板上的水果的颜色顺序。

（3）儿童能准确找到水果在树上的位置和数量并能画出来。

（四）填写课后观察记录表

小 结

感觉统合训练与游戏是开展感觉统合实践活动的两种主要形式。训练是以干预为目的，游戏是以促进发展为原则，两者是相辅相成的关系。

本章从触觉功能训练、重力不安全感训练、前庭—本体觉训练、视觉空间能力分辨与知觉训练四个方面分别介绍了日常感觉统合训练与游戏的常用方法，为初、中级感觉统合训练工作者掌握基础的训练方法提供指导。

每个部分分别从生理知识、表现、训练途径、训练内容、训练方法、训练强度控制、训练的注意事项、实施方法详细介绍，并配有相关的感觉统合训练游戏。

触觉功能训练方法包括粗略触觉训练方法、精细触觉训练方法；重力不安全感训练方法包括旋转、滚动、荡摆、起落与震动、反射活动等；前庭—本体觉训练方法强调非意识性前庭—本体觉训练技术、位置觉训练技术、动觉训练技术、运动技能训练技术等方法；视觉空间能力分辨与知觉训练方法强调视觉精度训练、视觉辨别力训练、视觉记忆力训练、视觉动作记忆训练、视动统合训练等方法。

通过学习本章，学习者可以系统地掌握不同的感觉统合训练方法与游戏内容，根据儿童的发展状况制订适宜的训练计划并使用合适的训练方法。

关键术语

感觉统合　触觉功能训练　重力不安全感训练　前庭—本体觉训练　视觉空间能力分辨与知觉训练

思考与练习

1. 请为触觉障碍儿童设计一套训练方案。
2. 重力不安全感儿童训练的重点是什么？
3. 前庭—本体觉训练的注意事项有哪些？
4. 为什么儿童会出现视觉空间能力分辨和知觉问题？发病机制是什么？

拓展阅读

张楠 . 婴幼儿感觉统合教育实操教程 . 上海：复旦大学出版社，2020.

第七章

感觉统合训练应用研究

学习目标

1. 了解感觉统合介入治疗的方法。
2. 掌握这些介入治疗的概念。
3. 了解感觉统合介入治疗的发展过程及作用机制。
4. 了解感觉统合介入治疗的意义。
5. 了解各介入治疗的适应证及禁忌证。

思维导图

- 第七章　感觉统合训练应用研究
  - 第一节　以水介入治疗
    - 一、以水介入治疗概述
    - 二、常见的水疗方法
    - 三、以水介入治疗对感觉统合发展的促进作用
    - 四、以水介入治疗的禁忌及注意事项
  - 第二节　马术康复
    - 一、马术康复概述
    - 二、马术康复的操作方法和质量控制
    - 三、马术康复的注意事项
  - 第三节　音乐治疗
    - 一、音乐治疗的概念
    - 二、音乐治疗的主要流派及发展
    - 三、音乐治疗的作用机制
    - 四、音乐治疗的形式及作用
    - 五、音乐治疗的注意事项
  - 第四节　农场情境治疗
    - 一、情境治疗
    - 二、农场情境治疗概述
  - 第五节　听觉统合训练治疗
    - 一、听觉统合训练治疗概述
    - 二、听觉统合训练治疗的操作方法
    - 三、听觉统合训练治疗的效果分析

导 入

随着对感觉统合的深入研究，促进感觉统合发展的途径也开始多元化。除了初始的借助于少量器材训练以及后期不断研发增加的新型器材，还增加了视觉、听觉等电子类智能辅助训练系统，避免了训练的枯燥、单一，从而提高儿童训练的参与性和积极性。

近年来，感觉统合工作者不断探索有助于促进儿童感觉统合发展的新方式，发展出以水介入治疗、马术康复、音乐治疗、农场情境治疗、听觉统合训练等感觉统合应用研究，并取得了一定的成效。

第一节 以水介入治疗

一、以水介入治疗概述

在儿童治疗技术中，涉及使用水作为介入手段的方法通常被称为“水疗”（hydrotherapy）或“水中治疗”（aquatic therapy）。这两个术语有时被交替使用，但它们有细微的差别。

（一）水疗的概念

水疗是利用水的温度、静水压、浮力和水中所含的化学成分，以不同的方式作用于人体，以治疗疾病的一种方法。它是一种古老的治疗方法，广泛应用于神经疾病、肌肉—骨骼系统疾病及脑瘫等疾病的治疗中。

（二）水疗的起源和发展

在人类历史上，水用于医疗由来已久。古希腊人相信海水具有清洗恶性肿瘤组织与刺激神经的效力。罗马帝国时期，寻常百姓便以水疗医治从宿醉到精神错乱等许多疾病。当时，奥古斯都大帝也浸泡海水来医治热病。16 世纪，法国国王亨利三世利用海水治疗皮肤病。此后，医学专家经过不断探索研究，以水疗净化人体，预防、治疗各种疾病。现代水疗法的发展则兴起于美国。

20 世纪 80 年代，我国逐渐在康复医学中利用水的力学特性进行相关的康复治疗。水疗中常用的为水中运动治疗。为了与国际接轨，我国也在循证依据的支持下，逐渐发展出了脑卒中、脊髓损伤等的水中运动治疗。

（三）水疗的作用机制

常见的水疗方式有水中运动治疗、擦浴治疗、冲浴治疗、浸浴治疗等方法，其中水中运动治疗应用较为广泛。它是指利用水进行的运动训练，即通过利用水的浮力、静压力、阻力等在水中执行有针对性的治疗动作，发挥水的主动及被动的治疗作用，以改变患者的肌肉功能、活动度及参与能力。水疗通过水的温度、机械作用、化学作用，作用于人体，促进呼吸、循环、骨骼肌肉系统的改善。

水温以改善循环系统的血流动力学来发挥作用。水压以对胸廓的压力来改善呼吸系统的功能。水的浮力能对大运动肌肉群产生支持作用，减轻负重，改善运动活动度。这些作用都是通过水的物理作用来实现的。同时，水中的矿物质等成分对皮肤感官的刺激及循环的改善也能起到辅助作用。

水疗的具体作用机理除了物理作用外，对神经系统的影响也很突出。水疗通过浸浴作用，扩张大脑动脉，促进血流，对大脑皮质的兴奋性和可塑性产生影响。浸浴使躯体感觉皮质兴奋性改变，感觉运动整合改变，皮质脊髓束及皮质兴奋性改变，从而改变人的执行功能、注意力、记忆力，提升大脑的可塑性。

二、常见的水疗方法

（一）常规水中运动治疗

常规水中运动治疗是将陆地训练治疗项目转移到水中进行，包括对肌力、耐力、步态、平衡能力等的训练。水中运动治疗需要在较大的专业恒温运动水疗池中进行，便于进行各种体位的康复训练。

（二）基于 Halliwick 理念的治疗及评定

Halliwick 理念是利用水的活动帮助有运动障碍或学习障碍的人群，让他们学会独立在水中运动及游泳的技术方法，包括十点程序和水中特异性治疗两大部分。该方法用于教授游泳技能及促进身体机能损伤后的恢复。

（三）水中太极

水中太极主要是在水中进行缓慢且大幅度的动作，包括上下肢、躯干等的相互配合。在运动的过程中，支撑面逐渐缩小，同时配合呼吸调节。水中太极能增强平衡与协调能力，预防跌倒及关节疏松等。

（四）水中指压按摩

水中指压按摩是一种全新的治疗方式，是结合特殊设计的浮力装置，使人体立于水温约 35℃、水深及胸的运动池中，利用水的浮力、平衡与拽曳力，促进患者深度放松的一种方法。水中指压按摩常用于压力管理、应急后的心理恢复等。

（五）治疗性游泳

治疗性游泳是对一些运动障碍者进行标准游泳姿势的改进，已达到在水中治疗的目的，也是常见的水中治疗项目之一。

三、以水介入治疗对感觉统合发展的促进作用

水疗更具体地指在水中进行的治疗活动，专注于运用水的特性来帮助儿童改善运动功能和减轻疼痛。这种治疗常用于改善儿童的平衡能力、协调能力、肌肉力量的活动。

（一）感觉输入

水可以提供多种不同种类的感觉信息。例如，个体受泳池多人移动的水波冲击而移动，触觉系统接受大量的刺激。同时，浮力造成身体的旋转，增大前庭觉系统的输入信息。在水中因为个体不能充分地看到自己的身体，使用视觉来代偿不足的前庭觉信息处理，所以不能用视觉来做参照。当个体移动对抗水的阻力时，本体觉接收器就会接收到输入，对本体觉有一定的刺激作用。

（二）促进心理发展

在水中，个体的警觉性会增强，出于自身安全防护会更敏锐地察觉身体及周围的状况。这种触觉刺激有助于感觉防御儿童的正向发展，也有助于儿童发展自我照顾能力。

在34℃～39℃的水温中，利用温度觉的刺激，可减轻精神上的压力，缓解情绪。

（三）促进社会交往能力的发展

水是儿童喜欢的载体，以水介入治疗能促进儿童和朋友、同伴、家人在泳池中分享快乐。水中活动能给儿童满意的体验，促进与同伴或与陌生人的交往。

同时，在以水介入训练时，如穿脱衣服、如厕、淋浴等环节，训练师或照护者可以在融入儿童可以控制的动作基础上让儿童去进行一些较难的任务，在活动中掌握这些技巧，最大限度地恢复功能。

（四）促进缓解肌肉张力

水疗通过缓解肌肉张力，缓解痉挛，发展儿童的平衡及协调能力。

（五）其他

近年来，水疗在提升心肺功能、控制体重、缓解情绪压力等方面的应用越来越广泛。

四、以水介入治疗的禁忌及注意事项

（一）以水介入治疗的禁忌

严重意识障碍、精神意识紊乱、皮肤传染病及其他传染性疾病、恐水、癫痫急性发作期、严重心肺功能不全、出血倾向、大小便失禁等是水疗的绝对禁忌。急性感染期、发热、高龄、体弱等是水疗的相对禁忌。

（二）以水介入治疗的注意事项

以水介入治疗为水中开展的项目，故对治疗师及患者均需严格监控，以免发生意外。治疗师应在治疗室里准备应急抢救设施，以防意外发生。

知识链接

有氧水疗对痉挛型脑瘫患儿运动、平衡功能及肌张力的影响

脑性瘫痪一般是非进行性脑损伤导致的神经功能紊乱、发育障碍和中枢性运动障碍的综合征。痉挛型脑瘫是脑瘫患儿中常见的类型，占 60% ~ 70%。它常表现为平衡能力差、运动障碍、肌张力高、关节萎缩和姿势异常等，严重影响患儿的生长发育，也为家庭和社会带来沉重负担。目前已有许多关于痉挛型脑瘫疗法的报道，但均难以取得令人满意的临床疗效。有氧水疗是指在水中利用一系列有氧运动进行神经和肌肉功能的训练，通过借助于水的浮力、温度、压力等增强训练效果。近年来，随着我国康复医学的发展，水疗已逐渐应用于肠道疾病、关节损伤疼痛等的治疗中，并取得了良好的疗效。目前已经有关于水疗应用于脑瘫治疗的报道，但研究多集中于婴幼儿期脑瘫，关于水中有氧训练对较大年龄（2 岁以上）脑瘫患儿的研究相对较少。

在温度为 30℃ ~ 34℃的训练水池中运动，根据患儿的身高调节水深，在水池底部安装跑步带，训练过程中打开水池通气开关，保持池水海浪样波动。患儿与治疗师为一对一配对训练，治疗师具备丰富的水中训练经验；训练室同时配备安全技师及责任护士，家长可在旁陪同。训练开始时，治疗师首先进行水中安全风险及应急措施的讲解，并对患儿进行心理辅导，消除其紧张焦虑情绪；其次进行水中训练。具体训练路径为：共进行 5 分钟水中自由活动热身；然后进行 40 分钟的有氧训练，包括深水步行、跑步带步行练习、踩水、跳跃、俯卧、踢腿等，预期的练习强度应达到最大心率的 70% ~ 80%；再进行 10 分钟的伸展，腿部训练为站立、两侧交替、髋关节屈曲、髋关节外展、膝关节屈伸、膝关节伸直等，上肢训练为肩胛肌与三角肌的外展与内收；最后进行 5 分钟的缓慢拉伸，使心率恢复至基线水平。在训练过程中，治疗师要随时监测患儿的心率，密切观察活动的安全性，训练完成后对患儿的运动情况进行记录。训练每次进行 1 小时，每周非连续性进行 2 次。

资料来源：赵永红，闻春波、戚亚敏，等 . 有氧水疗对痉挛型脑瘫患儿运动、平衡功能及肌张力的影响 . 中国康复，2021，36（2）：93-97。

第二节　马术康复

一、马术康复概述

（一）马术康复的概念

马术康复（therapeutic horsemanship），也被称为马辅助服务（equine-assisted services，EAS），是动物辅助服务的重要分支，指在服务过程中将马的活动或马的环境结合在一起的干预方法。马术康复是一个统称，涵盖通过与马合作来促进技能发展的所有项目，可分为马术康复活动（equine-assisted activities，EAA）和马术康复治疗（equine-assisted therapy，EAT）。

马术康复通过与马进行各种互动和活动，促进参与者的身心健康和技能发展。马术康复主要由经过培训获得执照的马术康复教练指导开展，马术康复教练的训练目标主要围绕马术技巧展开，干预效果则在训练过程中随着人马关系的建立和马术运动本身存在的康复作用而呈现。

马术康复是一种专业的治疗方法，通过马的运动模式和人马互动，由具备治疗资质的专业人员（如物理治疗师、作业治疗师、言语治疗师等）制定和实施。马术康复侧重姿势、平衡感和运动功能的训练，同时对躯体、社会性、学习性、感知觉有一定的改善和辅助作用。

（二）马术康复的起源和发展

马术康复起源于欧洲，有悠久的历史。古希腊时期人们就发现马对残疾人的康复状况和生活质量有提高的作用。

现代马术康复起源于 20 世纪上半叶的欧洲，其康复作用被医务人员及社会机构认知。马术康复对许多身心疾病及神经损伤的康复有明显的促进作用，如对孤独症谱系障碍、脑瘫、注意缺陷多动障碍、脑卒中脊髓损伤等均有帮助。

1878 年，在《从医学角度看骑马》一书中，医生杜兰特描述了骑马对血液循环、消化和精神状况的影响。1957 年，瑞典物理治疗师将马术康复用于脊髓灰质炎导致的运动障碍女童的治疗中，效果显著。1968 年，马术康复治疗师职业教育兴起，用于培训马术康复教练和马术治疗执业医师。1969 年，英国残疾人骑马协会和北美残疾人骑马协会成立。目前瑞典拥有 400 余家专业马术康复机构，近 3 万名专业从业人员。

近年来，从事马术康复研究的人员逐渐增多，治疗疾病的种类显著增多，马术康复治疗改善身心疾病及运动障碍的原理逐渐被大家认知，对患者躯体、心理、认知、社会化及行为障碍的作用越来越显著。

（三）马术康复的作用机制

目前，关于马术康复的作用机制的研究有很多，但是各种因素的限制导致研究人员难以获得大样本数据，绝大部分研究成果都停留在试点研究的阶段。国外研究显示，该项技术在实施中涉及人类动物学、马术科学、发育行为医学、康复医学、医学心理学、神经—认知科学等方面。近年来，很多研究者对马术康复这一新兴领域兴趣极大，期待以后有更多的循证依据支持。

小贴士

马术康复最早发源于欧洲，是一种以马术运动为基础的新型辅助康复治疗手段。马术康复课程是在马术运动的基础上，在马术治疗师或马术康复教练的指导下对肢体或认知功能障碍的患者进行干预的过程。它对残疾人肢体功能障碍、心理和认知功能障碍有明显的改善。据不完全统计，目前国外有 40 多个国家开设了马术康复课程，我国也在近年来开始引入这种新型的辅助治疗手段。

我国至少有 14 个地区正在开展或开展过马术治疗以及相关活动。2006 年 5 月，中国康复研究中心和北京马联马术俱乐部携手开展“国内残疾儿童马术治疗训练”科研课题研究。参与此次课题研究的患儿均免费接受治疗，以 3 个月为一个疗程，每周 1 ~ 2 次，每次 60 分钟。治疗具体内容包括骑马缓行、马背肢体平衡运动、马背游戏、下肢支撑训练等，对患儿的身体、心理、语言、行为等各方面障碍的改善有积极作用。在此之后，残疾儿童马术康复公益活动也在我国部分地区开展起来。

二、马术康复的操作方法和质量控制

马术康复需要在专业团队的指导下实施，马和治疗师团队是保证干预治疗有效的重要因素。

（一）马的选择

马在马术康复中具有患者与治疗师之间的媒介作用，是患者治疗的动机来源。在选择马的过程中，马的品种通常不是决定性因素，更重要的是马的脾气秉性、身高体型等因素。

马被选择作为康复用马后，需经马术专业人员对马进行训练，以保障马的运动稳定性，从而保证马术康复的安全性和有效性。

（二）马术康复团队及职责

马术康复的团队成员包括马术康复教练或马术治疗师、驯马师、牵引员、鞍侧员、医师及心理咨询师。

（1）马术康复教练或马术治疗师。马术康复教练或马术治疗师负责进行患者的运动及认知能力评估，参与制订阶段性训练目标及计划，负责为患者佩戴合适的安全装备、匹配合适的马及马具装备，负责马术康复活动或治疗方案的实施。

（2）驯马师。驯马师负责马的挑选、训练、培训牵引员。

（3）牵引员。牵引员负责按照马术康复教练或马术治疗师的要求牵引及控制马的运动，确保马运动的稳定性。

（4）鞍侧员。鞍侧员通常由接受过培训的志愿者承担，在马鞍旁边扶持患者，防止坠落，辅助患者按照马术康复教练或马术治疗师的要求完成任务，同时参与训练活动的互动环节。

（5）医师及心理咨询师。医师及心理咨询师负责诊断适合参与马术康复的患者及患者治疗前后运动、认知、行为特征等方面的评估，负责为患者提供心理治疗及咨询。

（三）马术康复的内容和流程

1.训练要点

（1）建立人与马之间的亲密关系：感知马，抚摸马，信任马，照顾马。

（2）骑行期间感知平衡、节律运动及感知觉刺激。

（3）训练内容从易到难。

（4）训练过程强调团队的参与及互动，包括患者、马与康复团队之间的协作等。

（5）马术康复不仅可以是骑马，还可以是驾马车、马背体操等各种各样的马术项目。不同项目的专业从业人员需要取得不同的认证；马房工作通常也是马术康复活动的重要内容。

2.训练目标

（1）前庭平衡及本体感的刺激。马的运动呈3个轴面的运动：左右轴上髋关节的外展和内收、前后轴上髋关节的屈曲和外展、直轴上髋关节内旋和外旋。马的肌肉运动信息通过患者下肢传到全身，使身体各部位对感官信息进行加工处理，促进了患者身体感知觉的发展。

（2）调节大脑多巴胺及其受体的表达，改善患者的认知、注意力、自控能力及语言能力。

（3）增强患者的社交主动性。

（4）促进患者情绪放松，缓解焦虑，增进情感交流。

3.训练流程

患者穿戴安全装备后，与马进行互动。首先，接近、抚摸马，与马进行眼神交流；其次，上马，进行放松训练、平衡训练及互动；再次，骑乘，由马术康复教练或马术治疗师对患者分别从行为、动作、言语能力等方面进行训练；最后，领取食物喂马，亲近、抚摸马，与马道别，整理物品，脱下训练器具。

4.训练时长及频次

每次训练时长通常为45分钟，包括地面及马背训练两部分。马背训练时间为30～40分钟，每周1～2次。通常每6～8次训练能够观察到患者某方面的进步。

（四）马术康复的质量控制

（1）患者病情严重程度评估。如相关人员需要对孤独症、脊肌萎缩等患者进行严重程度评估，以便分组及阶段性评估干预效果。

（2）现场评估，评估患者的情绪、心理状态、依从性、姿势及问题行为等。

（3）治疗团队制订个体化阶段性训练目标及马术训练计划，在实施1～2月后，评估进展并制定下一阶段的目标。

三、马术康复的注意事项

（一）马术康复的适应证

马术康复适用于多种疾病，如孤独症谱系障碍、注意缺陷多动障碍、脑瘫、脑外伤、脑卒中、脊髓损伤、唐氏综合征、感觉统合失调、抑郁障碍、焦虑障碍等多种发育障碍性疾病、神经障碍性疾病。

（二）马术康复的禁忌证

马术康复的禁忌证有骨关节炎症、椎体病变、严重的骨质疏松、脊柱侧弯、严重的过敏性疾病、心脏病及呼吸系统疾病，对马及其周围环境极度恐惧的人等。

（三）骑行注意事项

（1）马术康复通常在封闭区域内进行，场地在1000平方米以上，患者骑行，但不控制马。

（2）安全规则教育。参与活动的所有人，包括患者以及团队成员，都需要遵守马场环境的基本安全规则，如不要跑动，不要尖叫，不要从马的后方接近马等。

（3）骑行装备的选择。骑行装备较为重要的是马术头盔，也可根据患者的情况选配防护背心、马裤、马靴等。适宜的骑行装备能保护患者在骑行中的安全。

（四）对马的要求

马术康复对马的稳定性有着极高的要求。马需要在身体和精神健康方面得到非常妥善的照顾，需要有经验的驯马师保持日常训练，这样才有可能为患者的康复训练提供安全和有效的保障。

知识链接

国外孤独症儿童马术干预的研究现状

马术干预在国外开展得比较早。在针对孤独症儿童的康复治疗中，马辅助干预是动物辅助干预中较为常见的一种。动物辅助干预是20世纪60年代由美国儿童精神科医师博里斯·勒文森等人发展起来的一种以目标为导向的借助于动物进行干预的治疗手段。

总结最近10年国外有关孤独症儿童马术辅助干预的研究文献发现，马辅助干预可改善孤独症儿童社交动机、社交行为（技巧）、自我表达意识、运动控制，减少问题行为（如烦躁、多动、刻板、注意力不集中、自残）等。有研究者评估了治疗性骑马对孤独症儿童社会功能的影响，对实验组受试者进行了上下马练习、热身练习、骑马技巧、马上游戏等活动，强调训练过程中口头和身体上的强化（如击掌和拥抱），以及与治疗师充分的眼神交流。12周治疗后，受试者表现出更强的感官寻求、感官敏感性、社交动机，注意力不集中行为较少。

感觉统合是大脑与身体相互协调的学习过程，孤独症儿童普遍存在较重的感觉统合失调问题。马术运动以调动孤独症儿童的积极性和兴趣为重点，为他们营造良好的互动环境，是感觉统合练习的有效手段。孤独症儿童感觉统合能力的提高能够带来协调素质的改善。

资料来源：褚晓玲.马术运动对自闭症儿童身心的干预效果研究.湖北大学，2021。

第三节 音乐治疗

一、音乐治疗的概念

音乐治疗（music therapy）又称音乐疗法，是一门集音乐、医学、心理、教育学为一体的新兴边缘交叉学科。它以临床心理学理论和方法为基础，运用音乐特有的生理、心理效应，通过专门设计的音乐行为、体验，研究音乐对人体功能的作用，以及运用音乐治疗疾病，促进人体健康。

音乐治疗作为一种治疗方法，有系统、科学的治疗过程，是利用不同音乐工具和方法来实施的，需要采用一切和音乐有关的方式，包括演奏、舞蹈、编曲、创作歌词等艺术形式。音乐治疗由专业的音乐治疗师、患者、音乐共同组成，缺一不可。

目前，音乐治疗越来越多地应用于临床，用于减轻患者的痛苦，使患者恢复健康。音乐治疗在健康保健及身心疾病领域有广阔的治疗前景。

二、音乐治疗的主要流派及发展

音乐治疗早期在教育界发展较为迅速，目前国际上流行的音乐治疗流派主要有奥尔夫音乐治疗和鲁道夫 - 罗宾斯音乐治疗。

（一）奥尔夫音乐治疗

奥尔夫音乐治疗是由德国音乐教育家卡尔奥尔夫创立的，最早用于普通学校的教育。20 世纪 60 年代后，德国音乐治疗师格特鲁德奥尔夫、卡罗尔及耶加德根据卡尔奥尔夫的音乐模式进行探索及改革，将其逐步发展成现代系统化的奥尔夫音乐治疗体系，目前在各治疗领域广泛应用。

奥尔夫音乐将乐器、乐曲、语言及动作等多种形式相结合，使人在听觉、视觉、触觉、本体觉等多重器官上引起感知及刺激。奥尔夫音乐的演奏注重患者在音乐中对律动、情绪等的感知，是一种多元化的音乐互动方式，是在提供多重感官刺激的同时让患者积极地参与，并在参与中为患者提供合适的活动及目标。

治疗师与患者一起参与到音乐活动中，扮演各自的角色，使患者听懂音乐，认识音乐活动，理解音乐互动的内涵，加强社交关注，改善语言及认知表达能力。奥尔夫音乐治疗的另外一种优势为，即使患者不懂音乐相关的技能，也能通过简单、易操作的乐器快速体验音乐的乐趣，引起多重感官刺激，丰富对外部世界的感知。

奥尔夫音乐在 20 世纪 80 年代初被引入我国，根据我国的特点逐渐演变为实用的音乐治疗模式。

知识链接

奥尔夫音乐治疗

自 19 世纪 60 年代起，奥尔夫音乐活动在国外被广泛应用于孤独症儿童的教育干预与治疗，已形成一套成熟的音乐治疗模式。奥尔夫音乐治疗的形式与内容使绝大部分孤独症儿童拥有愉悦的音乐体验，同时对其感知运动、社会交往、语言沟通、认知等各方面发展具有积极的影响，尤其在认知领域、语言沟通领域、社会交往领域具有显著的变化。

（二）鲁道夫 - 罗宾斯音乐治疗

鲁道夫 - 罗宾斯音乐治疗学派由鲁道夫（Nordoff）和罗宾斯（Robbins）两个人共同创立。

鲁道夫－罗宾斯音乐治疗模式的理念为，每个人都具有音乐天赋，这种天赋可以通过音乐治疗被激发出来，从而用于克服情绪、心理、认知等方面的障碍。治疗师为患者提供不同的乐器，乐器的演奏不需要特殊技巧，但能充分表达患者的情绪状态及需求。

目前，鲁道夫－罗宾斯音乐治疗流派在世界各地有多家分支，其临床治疗中心也在不断发展壮大，是世界范围内一个很重要的流派。

知识链接

鲁道夫－罗宾斯音乐治疗

鲁道夫－罗宾斯音乐治疗学派是由鲁道夫和罗宾斯两个人共同创立的。鲁道夫是美国的一位作曲家和钢琴家，罗宾斯是英国的一位特殊教育专家。鲁道夫－罗宾斯音乐治疗是一种主动式的治疗方法，通过包括即兴演奏的创造性过程来达到治疗的目的。鲁道夫－罗宾斯音乐治疗的核心思想是，患者可以通过找到自己内部的创造性的动力，从残疾或创伤所带来的损害中恢复过来。

罗宾斯在1973年开始把鲁道夫－罗宾斯音乐治疗的方法与马斯洛（Maslow）的人本主义心理学理论联系起来。马斯洛认为治疗应该集中在个体的潜力和优势上，而不是集中在个体的不足和缺陷上。罗宾斯认为马斯洛的这一观点与鲁道夫－罗宾斯音乐治疗的方法中“成长动力”（growth-motivated）的理念完全一致，同样都可以达到自我实现和高峰体验。

三、音乐治疗的作用机制

（一）音乐治疗对生理的作用

音乐与身体的生理功能存在相互联系和相互制约的作用。音乐治疗通过音乐中的音高、节奏、音色、曲式等内容来影响患者的生理功能，运用不同频率震动影响患者的肌肉及神经。音乐的节律与人体的节律一致时，容易引起人体生理的共鸣反应。音乐中1/f波是音乐治疗中起重要作用的波谱。它通过听觉中枢传导至脑神经细胞，改变下丘脑神经递质的分泌，促进有益于健康的一些神经递质的分泌，从而调节呼吸系统、血液循环、血压及肌肉活动等。

（二）音乐治疗对心理的作用

音乐作为一种特殊的听知觉，主要体现在对音高、音色、音强和节奏方面的感知，受遗传因素和后天训练两方面因素的影响。人脑的右半球是音乐感知的大脑半球，情绪和心理与人脑的高级中枢边缘系统有关，能调节人类的情绪行为、情绪体验和记忆活动。音乐通过作用于右脑后，直接作用于边缘系统，从而起到调节个体情绪的作用。同时，音乐可以刺激大脑的网状结构及皮质，通过调节网状结构及皮质的生理功能的改变来调节情绪，改善行为。

四、音乐治疗的形式及作用

（一）音乐治疗的形式

音乐治疗的形式分为个体音乐治疗和小组音乐治疗两种。治疗师可以根据治疗计划、患者的具体情况及治疗环境的不同选择治疗形式。

1. 个体音乐治疗

个体音乐治疗是指治疗师与患者进行一对一的治疗。在个体音乐治疗中，治疗师应与患者建立公平、共情、理解、信任和支持的治疗关系。治疗关系的好坏是治疗成败的关键因素。

良好关系建立后，为使音乐治疗有更好的治疗效果，治疗师需要制定出个性化的治疗方案，更有针对性地对患者实施治疗。

个体音乐治疗能通过音乐来调节患者听知觉的敏感情况，调整患者的情绪，改善其社交、语言及认知理解能力。当患者适应个体治疗及配合后，可考虑调整至小组音乐治疗中。

2. 小组音乐治疗

小组音乐治疗是指治疗师与多名患者进行的音乐治疗。小组音乐治疗除了涉及治疗师与患者之间的关系外，还涉及患者之间的关系与互动。音乐互动可促进患者间的沟通、情绪宣泄及表达，更好地调节患者的情绪及行为。

视频 7-3-1
小组音乐治疗

小组音乐治疗需要控制患者数量，以 3 ～ 8 人为宜。人数过少，不能形成良好的人际关系；人数过多，不同人员的情绪管理过于复杂，容易造成场面失控。根据患者数量、疾病情况及患者严重程度，治疗师可制定小组活动目标，实施治疗。

（二）音乐治疗干预内容和流程

在音乐治疗的互动中，接受式的音乐治疗——听音疗法较为简便易行。听音疗法是指音乐能引起生理及心理的共鸣，促进治疗师与患者、患者与患者之间的交流及互动，并引导患者加入音乐律动，通过吟唱、说唱等方式来宣泄情绪。

听音乐治疗的两种基本形式为：一是将音乐和语言有机地结合起来，借助于音乐的节奏、旋律等，加入语言，从而改善行为；二是反复听音乐，深入患者的心理及潜意识，从而缓解紧张情绪，改善表达及互动。

（三）音乐治疗的实施流程

（1）建立良好的互动关系。利用简单的放松训练，了解患者，如感知音乐律动、节奏，跟随音乐扭动身体，问好、握手等。

（2）评估患者的基本能力状况。利用标准化的医学诊断评估及与患者的互动，了解患者目前的认知、互动、情绪、社交能力状况，了解患者目前知晓及了解的歌曲及音乐工具，并做好记录。

（3）制定治疗目标。可根据患者的能力情况，制定3～6个月的长期目标，把长期目标分解为1月、1周的短期目标，从而易于执行。

（4）制定治疗策略。根据儿童的能力水平，决定音乐治疗是从1对1开始，还是从小组开始，选择好曲目、语言训练的内容、行为管理的方法等。

（5）实施治疗。在实施治疗的时候，一定要灵活把握患者的能力状况，在治疗过程中根据患者的情况即兴加入学习内容。

（6）评估疗程。在治疗周期结束后，进行疗效评估，根据评估结果，适时调整治疗方案。

五、音乐治疗的注意事项

采用音乐治疗时，注意乐曲、乐器的选择，要充分了解患者的情况，从而选择合适的音乐治疗工具。要从患者的兴趣开始，逐渐增加教学目标需要的内容。

要根据对患者的评估结果进行个性化治疗，要在治疗中同时注重情绪的缓解和认知及语言能力的提升。

音乐治疗的时间不宜过长，建议每周2～3次，每次40分钟左右，也可根据患者的情况灵活调整。

知识链接

音乐治疗对特殊儿童发展的影响

音乐治疗的干预对象主要集中在孤独症、脑瘫、智障儿童上，并且以孤独症儿童的音乐治疗干预较为多见。偶见音乐治疗用于听力障碍儿童，未见音乐治疗用于干预情绪行为异常儿童、学习障碍儿童和视力障碍儿童。

王东洋、李恩耀等学者在音乐治疗联合感觉统合训练对孤独症儿童语言康复研究中发现，机体控制小肌肉及手—脑协调的脑神经与控制舌头、嘴唇、声带的神经的过程是相同的；通过感觉统合训练对患儿控制小肌肉及手—脑协调的神经进行锻炼，有利于中枢神经系统对本体感觉信息的输入，可在一定程度上促进大脑对舌头、嘴唇和声带等的控制，从而对语言障碍的康复具有促进作用。另外，音乐训练可增强患儿对发音相关肌肉的针对性锻炼，而使其语言功能得以恢复。

治疗联合感觉统合训练较单独使用音乐治疗可明显改善孤独症儿童的语言状况，提高家属的满意度。

资料来源：刘全礼，郝晓敏，付超．我国特殊儿童音乐治疗的现状研究．昆明学院学报，2020，42（2）：45-55；王东洋、李恩耀．音乐治疗联合感觉统合训练对自闭症儿童语言康复效果观察．社区医学杂志，2020，18（22）：1539-1542。

第四节　农场情境治疗

一、情境治疗

（一）情境治疗的概念

情境治疗是指治疗师有目的地引入或设置具有一定主题的、形象生动的场景教学，帮助患者体验场景，理解学习内容，促进其心理、生理得到共同发展。情境治疗是日常生活内容的体验，能通过形象生动的语言、游戏活动、角色扮演、观察等方式寓教于乐，提升患者的情感反应及各领域的能力。

（二）情境治疗的起源和发展

情境治疗源于情境教学，在中外教育史上有长久的发展。美国教育学家杜威最早使用“情境”一词，是国外情境教学的萌芽。杜威提出从做中学，从活动和经验中学习，在有教育意义的互动中学习，能更好地帮助其成长和发展。苏联教育家苏霍姆林斯基主张把学生带到大自然中，让学生体验、感悟大自然，培养学生的创造能力。

情境教学在我国的发展也较为久远。南朝刘勰所著的《文心雕龙》就提到“情以物迁，辞以情发”；近代学者王国维曾有“境非独谓景物也，喜怒哀乐亦人心中之一境界”的描述。20 世纪 70 年代末，李吉林老师提出情境教学与学习相结合，这对我国的教学实践影响重大。

（三）情境治疗的作用机制

1. 情境治疗通过与感知相互作用，提升患者的能力

情境治疗让患者先感受，再学习，有助于帮助患者直接、积极、主动地去学习，在轻松愉快的环境中去掌握抽象的内容。人脑的功能是通过左右半球分工合作实现的。左脑主管逻辑推理、思维分析、语言活动，右脑主管知觉、创造力、想象力及

情感互动。情境治疗能充分协调左右脑的功能，提升学习效率。

2.情境治疗认知的直观原理

意识是对客观存在的反应。治疗师利用情境治疗直观反应的原理，根据客观存在的事物对患者的主观意识进行治疗。情境治疗是设计教学环境后，在治疗师的引导及支配下，让患者置身情境中，感知并参与学习活动，促进其认知及情感的发展。

3.智力因素和非智力因素的统一

认知学习的过程是智力因素和非智力因素统一的过程。治疗师在情境教学中设定特定的情境，同患者沟通，形成三方互动结构，三者相互依存、相互影响。情境是治疗内容的载体，治疗师是治疗内容的主导及传递者，患者是接受治疗的反馈者，通过在情境中互动，把智力因素和非智力因素进行整合学习。

二、农场情境治疗概述

农场情境治疗是利用农场中存在的生态环境及日常生活场景，对孤独症、心理发展迟缓等发育障碍儿童及情绪障碍患者进行非结构化治疗的一种治疗方法。

（一）农场情境治疗的操作方法

1.农场情境治疗能训练感知觉

感觉是人类获得信息、认知世界的第一通道。发育障碍等患者的感知觉信息处理往往是不平衡的，或者过于敏感，抑或过于迟钝。感官能力的提升是认知的前提。农场情境治疗能给患者提供丰富的感官信息。大自然的多姿多彩让患者去听，去看，去嗅，去抚摸，去操作，暂时忘却输入式的治疗内容，通过内心的感受获得丰富的感官刺激，以发展感知觉。

2.农场情境治疗对直觉的培养

直觉是提高人类悟性的重要途径。直觉不同于感觉，但离不开感觉的发展。只有敏锐的感觉能力，才能产生直觉的反馈信息。农场情境治疗有利于患者直觉的培养。当患者进入农场情境后，对鲜明的形象进行感官分析，刺激右脑进行活动。比如，蒲公英被风吹散了，小鱼在水里游，小鸡成群结队地捉虫子，慵懒的小猪趴在地上晒太阳。通过对这些实物的观察，患者学会了提问和推理。比如，蒲公英被吹散了，会跑去哪里？它的妈妈想它了怎么办？等等。这些初步的感知是患者直觉形成的雏形。

3.农场情境治疗对创造能力的发展

农场情境治疗通过感知觉的提升，可以培养直觉能力，进而发展患者的创造能力。农场情境中鲜明的形象及活动易于治疗师就地取材，对患者进行治疗。在自然中学习，患者更容易理解自然中的逻辑思维、因果关系和比较评判，更利于大脑两个半球的相互协作。

（二）农场情境治疗的质量控制

（1）农场情境治疗作为情境治疗的一种形式，要注重治疗目标的设定，依据患者的特点和个性设计治疗主题，开展治疗活动，同时要在治疗活动中注意治疗内容的迁移及泛化。

（2）农场情境治疗强调在非结构化的环境中进行治疗，同样的治疗目标可能需要在不同的场景中反复练习，同时也强调日常生活自理能力的训练及提升。

（3）农场情境治疗强调个体功能的分析。治疗师根据对患者的评估结果进行个性化的引导，进行针对性的治疗，同时对家长进行培训，告知家长在日常生活中如何泛化学习的技能。

知识链接

农场情境治疗

农场情境治疗是一门集园艺学、医学、心理学等学科为一体的交叉性新兴学科。它是在园艺治疗师的指导下，通过设计专门的园艺活动，帮助患者获得情绪、认知、身体等方面的改善。

农场情境疗法是针对孤独症儿童的一种新兴的康复形式，处方为“充足氧气＋各种农活”，即在农场治疗基地参加采摘、种植等农事活动，以此来增强康复效果。患者通过从事简单的农事活动，增强自信，通过交流和沟通愉悦身心，以达到康复的目的。

目前，甘肃、黑龙江、浙江、吉林等地陆续开展了农场情境治疗探索。

资料来源：陈仁兴．园艺治疗：概念、内涵与理论依据．残疾人研究，2017（3），75-80。

第五节　听觉统合训练治疗

听觉统合训练与听觉系统训练有所不同。本节主要从听觉统合训练治疗概述、听觉统合训练治疗的操作方法、听觉统合训练治疗的效果分析三个方面进行解读。

一、听觉统合训练治疗概述

（一）听觉统合训练治疗的概念

听觉统合训练（auditory integration training，AIT）治疗是指通过让患者倾听

经过过滤和调配的音乐来纠正患者听觉系统对声音刺激处理失调的现象，并刺激语言中枢的互动，从而达到改善听觉敏感性、语言障碍、行为情绪紊乱及交往障碍。

（二）听觉统合训练治疗的起源和发展

听觉统合训练治疗是由耳鼻喉医生伯纳德（Bernard）创立的，用于由听觉问题引起的一些疾病的治疗及康复。听觉统合训练治疗是利用现代数码电子设备，将一组特别的声音与音乐整合，进行听力训练的一种治疗方法。听觉统合训练治疗并非用一般的音响设备听音乐，而是有专业的数码听觉统合训练仪。数码听觉统合训练仪在不断地更新。

（三）听觉统合训练治疗的作用机制

听觉是由耳朵对声波进行感知，声波的震动经过中耳、内耳结构传递后，转换为神经电传导，听神经将电传导传递至听觉中枢，听觉中枢进行听力整合，完成对声音信息的识别、分析和感知。声波的频率被感知为音调，用赫兹（Hz）表示。人耳能听到的声音为 20 ～ 20 000 Hz，对 500 ～ 6 000 Hz 的声音较为敏感。听觉是感知觉的重要组成部分，听觉统合训练治疗也是感觉统合训练治疗的一种方法。听觉统合训练仪通过以下几种途径来调整听觉的敏感性。

（1）通过过滤过度敏感的声波频率，增强不敏感的声波频率，使大脑听觉中枢重新整合，促进对所有频率的声音的正向感知，减少听觉信号的歪曲感知。

（2）改善听骨链中听小骨及其相关肌群的肌肉张力，提升声音传导的有效性，同时能改善听觉中枢的听力加工功能。

（3）通过改善大脑代谢及神经递质的分泌来调节大脑的活动度。听觉统合训练治疗能减轻额叶的高代谢状况，提升枕叶的互动度，同时能降低 5- 羟色胺的分泌。

同时，听觉统合训练治疗也是音乐治疗的一种特殊方法。用音乐作为载体进行听觉敏感系统的调节，使患者更好地接受声音刺激，更容易使患者产生共鸣，提升患者的配合度，使大脑机体主动产生各种反应。

二、听觉统合训练治疗的操作方法

（一）听觉统合训练的类型

听觉统合训练主要针对那些有听觉处理问题的儿童，如对声音过度敏感（听觉过敏）、听觉辨别能力差、难以处理背景噪声中的语言信息等。常用的听觉统合训练有以下几种。

（1）特定听觉刺激训练：使用特定的声音和音乐，通过耳机播放，以提高儿童对听觉信息的注意力和处理能力。这些声音可能会被调整为特定的频率和音量，以适应儿童的个别需要。

（2）听觉筛选训练：帮助儿童学会在有多种声音存在的环境中筛选信息，如在噪声环境中识别并理解语言。

（3）声音敏感度训练：针对那些对某些声音过度敏感的儿童，通过渐进式地增加对特定声音的暴露，帮助他们减少对这些声音的过敏反应。

（4）节奏和音乐训练：使用节奏和音乐活动来改善儿童的听觉注意力和记忆力，以及语言和非语言听觉技能。

（5）互动听觉游戏：利用各种听觉游戏，如模仿游戏、音乐椅子、音乐匹配游戏等，来提高儿童的听觉辨别能力和注意力。

（6）听觉和语言整合：结合语言治疗，帮助儿童改善听觉理解和表达能力。

（二）听觉统合训练治疗的适应证

听觉统合训练治疗适用于孤独症谱系障碍、学习障碍、情绪障碍、注意缺陷多动障碍、精神发育迟滞及脑瘫等发育行为障碍性疾病的患儿，能提升患儿的语言理解能力、表达能力及注意力等。

（三）听觉统合训练治疗的禁忌证

听觉统合训练治疗不适用于高热状态的患儿，也不适用于有癫痫、精神分裂症、抽动障碍、中耳炎、听力障碍（佩戴助听器或高频耳聋）等的患儿。

（四）听觉统合训练治疗的实施

（1）实施听觉统合训练治疗前，需要患儿进行听力等相关检查，用于选择患儿的敏感频率。与家长签署知情同意书，详细沟通听觉统合训练的作用及问题，如避免长时间的剧烈运动、长时间处于高音的刺激环境。

视频 7-5-1
听觉统合训练治疗

（2）听觉统合训练治疗的时间为每疗程 20 次，每次 30 分钟，每日 2 次或 1 次均可。若为每日 2 次，两次时间间隔要超过 3 小时。两疗程之间至少相隔 6 个月以上。在听觉统合训练治疗期间，若出现高热情况，应暂停训练，待体温恢复正常再次进行。若中断超过 3 天，需重新开始训练。

（3）实施听觉统合训练治疗时，有专门的治疗师对听觉统合训练仪进行调整，核对患者的年龄、治疗次数、敏感频率，调整左右耳平衡器，要注意耳机左右耳的区分。在训练治疗过程中，注意照顾好患儿，避免乱跑，保持安静，保证患儿充足的睡眠及饮食。

（4）听觉统合训练治疗常见的副作用有兴奋、烦躁不安、自言自语、捂耳朵、饮食及睡眠的改变等问题。副作用在治疗过程中或治疗后出现，待治疗结束后可自行恢复。目前尚未见到听觉统合训练引起的严重不良反应。

（5）听觉统合训练治疗前后的数据记录。治疗开始后，由家长填写训练观察表，了解患儿的情绪、睡眠、饮食、互动等情况。治疗师记录患儿进行听觉统合训练治疗时的一些行为改变、患儿的合作程度等内容。

三、听觉统合训练治疗的效果分析

自听觉统合训练治疗引入我国后，对该治疗的研究也日渐增多。该治疗对孤独症谱系障碍、语言障碍等发育性障碍患儿治疗的有效性尚有争议。有家长反馈，孩子接受听觉统合训练治疗后， 听觉注意力增强，语言理解及语言表达能力改善，互动及目光对视较前有所延长，刻板、多动及自我刺激的行为减少，发脾气及冲动—攻击行为有所减少，听觉的超敏现象有所改善。

关于听觉统合训练治疗大样本的研究及作用机制仍需进一步深入研究，需要更多的循证依据进行支撑。

小贴士

听觉统合训练治疗

听觉统合训练由法国医生伯纳德创立，这种训练方法在国外已经应用多年，对孤独症患儿的治疗具有良好效果。

治疗后可能改善的症状如下：对听觉刺激注意增强；言语理解能力增强；说话的平均长度增加；说话声音变大；模仿言语减少；交流兴趣增加；目光接触增加；适当社会行为增加，接受变化的能力增强；对他人存在的感知或对他人的容忍度增强；与他人相互作用的愿望增强；倦怠减轻，坐着看别人行为减少；刻板行为、自我刺激行为减少； 冲动不安减少；发脾气减少；攻击行为减少；对日常信息记忆能力增强；计算能力增强；不专心程度减轻；反应时间缩短；触觉防御减轻；独立生活能力增强；对声音的超敏现象减轻。

小　结

本章介绍了感觉统合介入治疗方法：简单阐述了以水介入治疗的概念、常见的水疗方法、以水介入治疗对促进感觉统合发展的意义和注意事项等；马术康复的作用机制及实施马术康复的干预内容和操作方法；音乐治疗的概念、形式及作用；农场情境治疗采用自然疗法，通过自然情境与感知相互作用，提升儿童的感觉统合能力；听觉统合训练治疗的概念、操作方法、效果分析。

通过对本章的学习，学习者对目前新兴的感觉统合介入治疗方法有初步的印象和了解，初步掌握水疗、马术康复、音乐治疗、农场情境治疗及听觉统合训练治疗的操作方法及对患儿治疗的意义。

感觉统合训练方法是全方位地针对感觉统合失调儿童的有效干预治疗方法，需要更多的循证依据来支撑。希望学习者通过本章的学习有所启发，不断扩充研究促进感觉统合发展的新方法和新途径。

关键术语

以水介入治疗　马术康复　音乐治疗　情境治疗　农场情境治疗　听觉统合训练治疗

思考与练习

1. 哪些患者适合以水介入治疗，可进行的治疗方法有哪些？
2. 马术康复的适应证和禁忌证有哪些？实施过程中的注意事项是什么？
3. 音乐治疗的常见流派及其思想是什么？
4 音乐治疗的作用机制有哪些？
5. 农场情境治疗从哪些方面改善患者的感觉统合能力？
6. 听觉统合训练实施的时间及周期怎么制定？
7. 听觉统合训练治疗过程中的注意事项有哪些？

拓展阅读

1. 杨玉凤，杜亚松. 儿童孤独症谱系障碍康复训练指导，北京：人民卫生出版社，2020.

2. 金星明，静进. 发育与行为儿科学. 北京：人民卫生出版社，2020.

第八章

特殊儿童的感觉统合训练

学习目标

1. 了解智力障碍等五类特殊儿童的基本特点。

2. 掌握各类特殊儿童感觉统合训练的目标与内容。

3. 掌握各类特殊儿童感觉统合训练方案设计的基本策略及组织训练活动的基本技能。

思维导图

- 第八章　特殊儿童的感觉统合训练
  - 第一节　智力障碍儿童的感觉统合训练
    - 一、智力障碍儿童的特点
    - 二、训练基本策略
    - 三、训练项目举例
  - 第二节　注意缺陷多动障碍儿童的感觉统合训练
    - 一、注意缺陷多动障碍儿童的特点
    - 二、训练基本策略
    - 三、训练项目举例
  - 第三节　学习障碍儿童的感觉统合训练
    - 一、学习障碍儿童的特点
    - 二、训练基本策略
    - 三、训练项目举例
  - 第四节　孤独症儿童的感觉统合训练
    - 一、孤独症儿童的特点
    - 二、训练基本策略
    - 三、训练项目举例
  - 第五节　脑瘫儿童的感觉统合训练
    - 一、脑瘫儿童的特点
    - 二、训练基本策略
    - 三、训练项目举例

导　入

乐乐今年 2 岁半，只会喊“爸爸、妈妈”等简单的称呼，喜欢自己一个人玩，不喜欢外人触碰，不喜欢理发，听到吹风机的声音会捂耳朵，在医院检查后被诊断为“孤独症、精神发育迟缓”。医生建议尽早进行康复训练，其中有一项是感觉统合训练。那么如何进行感觉统合训练？本章将介绍特殊儿童的感觉统合训练。

第一节　智力障碍儿童的感觉统合训练

智力障碍（mental retardation，MR）是遗传、环境不良因素导致的个体脑功能发育迟滞，其核心特征是认知障碍和社会适应障碍。此外，智力障碍还可能伴随运动障碍、感觉障碍、情绪障碍等。对于智力障碍儿童，认知能力及社会适应能力是主要的评估手段。依据认知及社会适应行为发展水平，MR的程度分为轻度、中度、重度和极重度。

受核心障碍及伴随障碍的影响，智力障碍儿童普遍存在感觉统合能力发展不足问题。所以，在对智力障碍儿童的教育与训练中，感觉统合训练是常用的干预技术之一，且感觉统合训练对智力障碍儿童的智力和发展的促进作用与其年龄成反比关系。也就是说，儿童年龄越小，感觉统合训练作用越明显。因此，在对智力障碍儿童的教育过程中，我们应该抓住儿童训练的最佳时机，对其进行感觉统合训练，促进其康复。

小贴士

MR分级及临床表现

1. 轻度MR。智商为55～70，适应性行为轻度缺陷。早年发育较普通儿童略迟缓，且不像普通儿童那样活泼，对周围事物缺乏兴趣，做事或循规蹈矩，或动作粗暴。言语发展略迟，抽象性词汇掌握少。分析能力差，认识问题肤浅。学业表现较普通儿童差，能背诵课文，但不能正确运用，算数应用题完成困难。利用特殊教育课获得实践技巧和实用的阅读及计算能力。长大后可做一般性家务劳动和简单的具体工作。遇事缺乏主见，依赖性强，不善于应付外界的变化，易受他人的影响和支配。能在指导下适应社会。

2. 中度MR。智商为40～54，适应性行为中度缺陷。整体发展较普通儿童迟缓。语言功能发育不全，吐字不清，词汇贫乏，只能进行简单的具体思维，抽象概念不易建立。对周围环境的辨别能力差，只能认识事物的表面和片段现象。阅读和计算方面不能取得进步。经过长期的教育和训练，可以学会简单人际交往、基本卫生习惯、安全习惯和简单的手工技巧。

3. 重度MR。智商为20～39，适应性行为重度缺陷。早前各方面发展迟缓。发音含糊，言语极少，自我表达能力极差。抽象概念缺乏，理解能力低下。情感幼稚，动作十分笨拙。有一定的防卫能力，能躲避明显的危险。经过系统的习惯训练，可养成简单的生活和卫生习惯，但在生活上需要他人照顾。长大后可在监督之下做些固定和简单的体力劳动。

4. 极重度MR。智商低于20，适应性行为极度缺陷。对周围一切不理解。缺乏语言功能，最多会喊"爸、妈"等，但不能真正辨认爸、妈，常为无意识的嚎叫。缺乏自我保护的本能，不知躲避明显的危险。情感反应原始，感知觉明显减退。运动功能有显著障碍，手脚不灵活或终生不能行走。常有多种残疾和癫痫反复发作。个人生活不能自理，多数早年夭折。幸存者对手脚的技巧训练可以有反应。

一、智力障碍儿童的特点

在言语方面，智力障碍儿童发展迟缓，常伴随口吃、构音不清晰及语义理解困难等问题。在运动方面，智力障碍儿童的动作发展大多较为落后，动作笨拙，运动协调性差。在记忆方面，智力障碍儿童往往只能拥有部分记忆，且这些记忆也是星星点点的，因此智力障碍儿童的世界长期处于空白状态。在感知觉方面，智力障碍儿童的感知速度过于缓慢甚至无法明确感知内容。在心理上，智力障碍儿童由于在各方面与其他儿童存在差异，长期处于孤独中。智力障碍儿童普遍缺乏自信、自我封闭，性格较为孤僻。

二、训练基本策略

（一）训练目标

智力障碍儿童的感觉统合训练的目标是促进智力障碍儿童各种感觉能力的发展，提高感觉间以及感觉与动作的协调性和统整能力，确保智力障碍儿童较好地进行日常生活活动，并为提升其生存质量奠定基础。

因为智力障碍儿童可能伴随精神疾病、情绪行为障碍、心血管疾病等，所以在制定训练目标的时候要综合考虑各方面的情况。对于能力较强、伴随障碍较少或不严重的个体可制定连续目标，否则需制定离散目标或在不同训练阶段制定不同目标。

（二）训练内容

学龄前智力障碍儿童的感觉统合训练以低位统合能力训练为主。在分领域触觉功能、平衡觉功能、本体感觉功能及视、听觉功能训练的基础上，训练人员应逐步增加各领域间的整合。学龄期智力障碍儿童的训练需在低位统合能力训练的基础上，不断增加感觉间、感知觉与动作间以及动作与认知、言语间的整合训练。训练人员应根据智力障碍儿童的智力智障碍程度选择合适的言语认知内容和进度，使儿童大脑皮层的认知、言语以及行为执行调控区域获得丰富的、整体的有意义刺激，促进脑功能的进一步发展。

智力障碍儿童的认知障碍及其他伴随障碍的程度会直接影响训练的内容、进程。对于重度、极重度智力障碍儿童，他们的训练可能长期在低位统合能力训练上徘徊，认知、言语等内容的介入存在较大困难。如果勉强介入这些内容可能会给低位统合训练造成不同程度的干扰，影响训练活动的实施。

（三）训练前的准备

训练人员应全面熟悉智力障碍儿童的评估结果等各方面信息，做好相关的准备。对于轻度智力障碍儿童，一般要求他们在训练前独立完成自身参训的各项准备工作，并形成习惯。对于中度、重度智力障碍儿童或伴随其他较严重障碍的儿童，其自身的准备工作则需要训练人员、训练辅助人员或家长的辅助，逐步完成部分或全部准备工作。另外，在训练过程中，要依据儿童的特点做好相关准备。由于部分儿童有流口水、流鼻涕等问题，训练人员需提前备好纸巾等；准备一些强化物，如玩具，以应对部分儿童注意力不集中、缺乏坚持性等问题。部分儿童可能不听从训练人员的指令，需家长陪伴训练或由辅助人员协助，帮助儿童适应训练环境、掌握训练要求和规则等。同时，训练人员应尽快熟悉儿童的信息传递方式，熟悉其构音特点，理解其言语、肢体语言的含义，与儿童建立良好的关系。

（四）训练组织形式

一般来说，智力障碍儿童的感觉统合训练可采取各种组织形式，但需注意以下几点。

（1）个别训练（一对一式或一加一式等）可能持续较长时间，特别是障碍程度较为严重的儿童需通过个别训练，熟悉训练环境，理解指令和要求，熟练掌握操作技术。

（2）在以序列式、小组式等形式组织训练时，需要关注个体的不规范或错误操作，发现问题及时纠正。在合作训练中，训练人员需密切关注合作各方的操作，确保每个参与者完成相应的任务。

（五）训练方式

训练方式丰富多样是儿童感觉统合训练的一项基本原则，是有效避免训练疲劳的主要措施，智力障碍儿童的感觉统合训练也同样遵循这一基本原则。在此基础上，根据该类儿童的一般特点及个体差异，科学设计训练方式，力求在有效实现训练目标的同时，提高儿童参与训练的兴趣和积极性。

（1）长时间的控制性训练或被动训练要少。智力障碍儿童参训初期、学习新项目或突破有难度的训练项目时会出现退缩行为，训练人员采取控制训练或被动训练往往是不得已的，但这两种训练方式不宜长时间、连续使用，需与主动训练、互动训练、游戏活动及间歇性休息相结合，以缓解儿童的紧张心理，避免儿童抗拒训练。

（2）鼓励采取互动训练或互助训练，但需指导或支持。智力障碍儿童间以及智力障碍儿童与其他儿童间的互动训练或互助训练虽可有效提高训练效率，增加儿童间合作交流的机会，但智力障碍儿童可能会误解合作者的意图，动作出现较大偏差，这会给合作伙伴造成不同程度的伤害，影响训练的组织实施。为此，这两种训练方式的使用一般需训练人员的密切关注，或智力障碍儿童先与训练人员合作训练，熟练掌握互动或互助训练的操作技术，然后再与同伴进行同样项目的训练。

（六）训练人员的技术要求

1. 言语表达

训练人员与智力障碍儿童沟通交流时需注意以下几方面。①需提高其反应准备和唤醒水平，确保其呈现接受信息的心理期待和行为趋向。②言语内容与活动实景可直接联系，忌借助于图片、录像资料来“想象”如何操作。③言语简洁、直奔主题，忌啰唆。④语速稍慢，但语义连贯。语速慢可保证儿童有时间理解语义，词语连贯确保儿童完整准确地理解语义。⑤重复呈现，内容保持一致。⑥改变用词用语，使儿童易于理解。如果某指令重复 2 ~ 3 次后，儿童仍然不能理解，那么需要选择儿童能理解的词语或方式呈现内容。

2. 操作示范

训练人员对儿童训练的操作示范要领有以下几点。①准确规范，重复示范要前后一致，也就是训练项目的操作顺序和动作特点均需前后相同，否则可能会给儿童造成认知、记忆混乱。②动作表现力强，不拖沓。③处理好分解呈现与连续呈现的关系。一般而言，训练初期及训练新的内容要分解呈现、分解操练，逐步增加一次呈现的环节数。每次究竟要呈现几个环节要视儿童的理解能力确定，总的方向是多环节连续呈现，有利于儿童在尽可能短的时间内把握完整的操作过程，提高训练效果。

3. 支持与纠偏

即使儿童对训练人员的指令、示范理解无误，但在操练时还是会出现问题，特别是连续操作时问题更多，训练人员需要适时纠正错误或不规范的操作。训练人员对儿童的支持分为言语支持和动作支持。言语支持可在某一操作前呈现，也可在操作失误发生瞬间呈现。前者为确保儿童正确完成将要实施的操作；后者让儿童确切知道错误发生的环节，为后续正确操作做铺垫。动作支持是指训练人员手把手辅助儿童完成操作，多在实训当下实施。训练人员的支持要适度。支持过多会影响儿童的主动性，支持过少可能会导致错误被重复练习，还会使儿童及其家长对训练人员产生不信任感。

4. 评价与反馈

对于儿童训练完成情况，训练人员多从积极的角度进行评价，善于发现其完成较好的环节，提高其参训的积极性和坚持性。对儿童的错误操作可暂时性回避或选择评价。在训练初期，对儿童不足方面的评价须避重就轻，次数少且较为分散；在训练后期，不足方面的评价须避轻就重，次数可适当增加，但密度不宜过高，须有一定的时间间隔。评价的内容以完成训练项目的相关内容为主，适当拓展评价的范围，如训练态度、配合程度等。评价反馈多在儿童完成某个训练环节或每次训练结束不久实施，不宜拖延太长时间，否则儿童不能将反馈的信息与训练完成情况有效联系。反馈信息的传递方式可以是简洁的言语、手势、表情及动作或它们的组合。

三、训练项目举例

（一）球池蹲跃戏水

视频 8-1-1
球池蹲跃戏水

该训练主要使用的器材是海洋球池。儿童一次完成以下三个项目。

（1）睁眼蹲跃：儿童在睁眼状态下完成下蹲后站立、下蹲后跃起、下蹲后跃起并转体的动作。

（2）闭眼蹲跃：儿童在闭眼状态下完成第一个小项目。

（3）蹲跃抓球：儿童跃起后直接入球池并抓握指定颜色的球，或双手分别抓握不同颜色的球。

每个项目需重复多次，而且在完成第三个项目时可能会因为颜色辨认问题受到阻碍，需多次训练方可完成。

（二）上下蹦床

视频 8-1-2
上下蹦床

该训练主要使用的器材为蹦床。

（1）坐式上下床：儿童背靠器材坐于床面边缘，双手后撑，身体后仰，同时转体带动下肢离地登上蹦床，随后反向操作下蹦床。

（2）爬式上下床：儿童面对蹦床，跪于床面边缘后爬上蹦床，或者跪撑在器械旁。同侧肢体先上，再带动肢体移动爬上蹦床，也可以背对床体，双手撑地，下肢先登上蹦床。随后反向操作下蹦床。

（3）前滚翻上床：儿童面对蹦床，跪于床面边缘后双手撑床边，头抵床面，下肢发力带动身体前滚翻上床。前滚翻下床并不适合智力障碍儿童。

（4）走式上下床：儿童正走、倒走、侧走上下床。

（5）跃式上下床：儿童距器材适当距离并面对蹦床站立，屈膝随即下肢发力跳跃上下蹦床。

该训练要依据儿童的障碍程度或现有动作技能，训练其掌握多种上下蹦床的方式，提高肢体间的动作协调能力。训练人员要为儿童提供近身保护或扶持儿童做动作，以消除儿童心理上的紧张情绪，防止其从蹦床上滑落。

（三）花样走

该训练主要使用的器材为平衡木。

（1）学习多种走法：训练人员示范正走、侧走、倒走、交叉走等走法，然后让儿童学习不同走法并理解不同走法的含义。

视频 8-1-3
花样走

（2）依预设指令走：训练人员提前告知儿童并示范走法，如“15 步快速侧走”“5 步慢速正走后 10 步快速倒走”等，然后让儿童根据预设指令完成相应操作。预设指令要视儿童的情况加以调整。

（3）冥想操作完成情景：对于认知能力较好的儿童，在完成训练后可以让其闭目冥想训练的过程。

该训练对提高智力障碍儿童的动作技能有重要意义。它通过多感官躯体活动来提高儿童的本体感觉能力。

（四）星际探宝

该训练使用的器材为大陀螺、海洋球、触觉球、网球、乒乓球、弹力球等。

（1）宝物布置：大陀螺周围放置大小不同、多种颜色的海洋球、触觉球、网球、乒乓球、弹力球等，让儿童在大陀螺中旋转时抓取。

（2）探宝聚宝：儿童根据训练人员的指令在旋转的同时将相应小球搬运至大陀螺内。指令内容涉及小球的颜色、种类、单次搬运数量、抓取所用手等。

该训练的用球直径不宜太小，也不宜散发香味，以免儿童误吞。训练人员提出的指令复杂度应根据儿童实际情况适当调整。

第二节　注意缺陷多动障碍儿童的感觉统合训练

注意缺陷多动障碍（attention deficit hyperactivity disorder，ADHD），是一种发展性自我控制障碍，主要表现为与年龄不相称的注意力分散，注意广度缩小，不分场合的过度活动和情绪冲动，并伴有认知障碍和学习困难，智力正常或接近正常。

多数研究者认为感觉统合失调是导致儿童注意缺陷多动障碍发生的重要原因。所以除药物、心理治疗外，感觉统合训练成为对该类儿童干预的主要手段之一，在国内广泛应用。

一、注意缺陷多动障碍儿童的特点

（一）注意力不集中

注意缺陷多动障碍儿童注意力集中的时间短暂，注意力易分散，他们常常不能把无关刺激过滤掉，对各种刺激都会做出反应。因此，注意缺陷多动障碍儿童在听课、做作业或做其他事情时，注意力常常难以持久；经常因周围环境中的事物而分心，并东张西望或接话茬；做事往往难以持久，常常一件事未做完又去做另一件事；难以始终遵守指令而按要求完成任务；做事时也常常不注意细节，常因粗心大意而出错；经常有意回避或不愿意完成需要较长时间集中精力的任务，如做作业，也不能按时完成这些任务；常常丢三落四，遗失自己的物品或好忘事；与之说话，也常常心不在焉，似听非听等。

（二）多动

多动是指与同年龄、同性别大多数儿童比，这类儿童的活动水平超出了与其发育相适应的应有的水平。多动多始于幼儿早期，但也有部分儿童始于婴儿期。在婴儿期，儿童表现为格外活泼，常从摇篮或小车里向外爬，当开始走路时往往以跑代步；在幼儿后期，儿童表现好动，坐不住，登高爬低，翻箱倒柜，难以安静地做事，难以安静地玩耍。上学后，因受到纪律等限制，儿童表现更为突出，上课坐不住，在座位上扭来扭去，小动作多，常常玩弄铅笔、橡皮甚至书包带，与同伴说话，甚至离开座位；下课后招惹同学，话多，好奔跑喧闹，难以安静。进入青春期后，该类儿童小动作减少，但可能主观感到坐立不安。

（三）冲动

注意缺陷多动障碍儿童做事较冲动，不考虑后果。因此，这类儿童常常会不分场合地插话或打断别人的谈话；会经常打扰或干涉他人的活动；老师问话未完，会经常未经允许而抢先回答；会常常登高爬低而不考虑危险；会因鲁莽而给他人或自己造成伤害。这类儿童的情绪也常常不稳定，容易过度兴奋，也容易因一点小事而不耐烦、发脾气或哭闹，甚至出现反抗和攻击性行为。

注意缺陷多动障碍儿童大多拥有良好的大运动能力，少数儿童的精细动作及动作的协调性稍显不足。另外，部分儿童存在空间知觉障碍、视听转换障碍等。虽然注意缺陷多动障碍儿童的智力正常或接近正常，但由于核心障碍的影响，他们常常出现学习困难，学业表现常明显落后于一般儿童。

二、训练基本策略

（一）训练目标

主目标：强化其感觉、认知、行为间的整合能力，提高儿童的注意力以及信息从获取、加工到输出的连续性和协调性。

辅目标：提升儿童的自尊心和自信心，缓解心理压力，积累积极的心理体验，提高学习效率和学业表现，改善不良的人际关系等。

多数 ADHD 儿童的训练目标以连续性目标为主，以离散目标为过渡。但是如果儿童伴有较为严重的情绪行为问题，那么他们的训练活动可以在一段时间内根据离散目标来组织实施。

（二）训练内容

在低位统合基础上，重点进行高位统合训练。训练内容以前庭觉和本体觉训练为主，并将认知、言语、规则等内容整合到训练中。训练过程注重操作的连续性和持续性，以及训练内容之间的转换，以促进大脑尽可能长时间地保持唤醒水平，提高儿童感知觉、认知、言语和动作间的整合能力。

（三）训练前准备

因为 ADHD 儿童的主要特点为多动、冲动、注意力不集中，所以在训练过程中很可能出现情绪冲动、半途而废等情况。训练人员在训练前应向家属了解儿童的基本情况，做好相应的准备工作；在训练过程中增加娱乐项目，避免儿童在训练过程中出现疲劳，同时要多给予行为或心理支持，稳定儿童的情绪。在项目内容设计上初期不要涉及过多认知内容，难度要低，循序渐进。

（四）训练组织形式

感觉统合训练的各种组织形式均可在 ADHD 儿童训练中应用，具体采取何种形式依据训练内容及儿童的特点决定。

（1）以儿童主导式为主。该种训练组织形式主要见于儿童能力较强者。

（2）合作式训练督导，且双方的认知水平不能差异太大。ADHD 儿童存在多动、情绪冲动，在合作式训练过程中不能有效控制自己的行为，有可能出现伤害其他儿童的行为，故在训练过程中需要接受督导。

（五）训练方式

（1）多种训练方式交替进行。在训练初期，训练人员可采取被动训练，降低训练难度，减轻儿童心理的紧张感；当儿童适应训练后，逐渐过渡到主动训练。

（2）注意间隔训练方式的应用。ADHD 儿童训练以高位统合能力为主，容易出现心理疲劳，故要适当采取间隔训练措施来缓解疲劳，保持自主性，提高训练的积极性。

（六）训练人员的技术要求

1. 言语表达

（1）训练人员优先使用言语表达解释操作要领或要求，提高儿童的唤醒水平，使其做好长时间保持注意的心理准备，且在儿童操作前呈现言语信息。

（2）训练人员详细解释内容，并重复呈现。

（3）音调、语速适度变化，提高儿童对言语信息的注意力，并引发儿童的训练兴趣。

（4）言语表达时，配合面部表情或肢体语言。

（5）充分沟通。

（6）尝试多种表述。

2. 操作示范

示范容量由少到多。由于 ADHD 儿童的注意力持续时间短、健忘，训练人员可先采取分节示范，然后进行多环节的连续示范，逐渐增加训练难度，使他们总体把握训练技术并达到自动化水平。示范操作幅度可适度夸张，使儿童对训练内容一目了然。示范速度、角度要适当。在训练初期，训练人员操作示范的速度要慢，关键处须同时以简洁言语加以解释，有利于提高儿童的主动注意能力。在训练中后期，随着儿童注意力的改善，训练人员操作示范的速度可以加快。另外，在某些环节，训练人员可以让能力强的儿童进行示范。

3. 支持与纠偏

在训练初期，儿童在尝试操作时可能会出现错误。训练人员不必及时纠正，可以让儿童在错误中尝试自己发现错误并改正。到后期的高位统合训练时，训练人员要提前介入言语支持等辅助，让儿童提前了解训练内容，增加其大脑不同功能区域介入训练活动的水平。另外在训练过程中，训练人员注意对 ADHD 儿童进行心理支持。

4. 评价与反馈

（1）评价内容。训练人员在训练中、间歇及训练后须对儿童操作的各方面进行评价反馈，内容可详可略。一个训练周期结束时进行一次较为详细的评价，并反馈给家长。

（2）评价取向。总体要持肯定态度，多从好的角度对儿童进行评价反馈，逐步纠正儿童消极的自我认知，并使家长增强坚持训练的信心。但对于儿童反复出现的问题和不足也不必总是回避，挑选合适的时机告知儿童和家长。

（3）评价反馈方式。评价反馈方式要多元化。①采取口头语形式，也可通过非口头语途径，如面部表情或肢体语言等。②直接反馈和间接反馈相结合，以直接反馈为主。③量化评价与质性评价相结合，并将结果图表化。④评价时机。当儿童完成单个或连续操作之后，训练人员须及时评价反馈，但不必事事评价，特别是不足方面。⑤评价结果的知晓范围。在个别训练时，训练人员直接向儿童及家长反馈，知晓范围比较局限。

三、训练项目举例

（一）球池游戏

该训练使用的器材主要为海洋球池。

（1）水中作画：儿童从池壁上闭眼扑入球池，然后仿照数字、字母或几何图形进行爬行或行走。

（2）池中作浪：儿童坐或躺在球池中，上下肢划拨、翻腾球池，让里面的球涌动起来。

（3）围湖造田：儿童坐或跪在球池中，双手快速挑拣黄色球，依池壁内侧聚拢，象征着土地；然后在黄球上层摆放绿色球，象征着植物；最后在上层点缀红球，象征花朵或果实。

（4）海底探宝：儿童通过肢体触觉搜索散落在球池中的各种颜色的球。

进行该训练时，训练人员要进行口头或动作示范，然后做出指令，要求儿童完成指令项目。训练人员的指令可以多次做出，指导儿童理解该项目的要求，对儿童的完成情况进行支持、引导和评价，然后再进行下一个项目。训练人员也可一次做出多个指令，要求儿童重复，再让其依次完成。

（二）花样舞步

该训练使用的器材主要为直平衡木和S形平衡木。

训练人员应让儿童在平衡木上进行拖步行走（在平衡木上一只脚行进，另一只脚轻触支持面拖动跟进），两脚交替行走，踮脚尖走，跨步行走（两脚交替加大步伐行进），高抬腿走，合作行走（两个儿童面对面，双手相握同时完成行走动作）。在进行这些训练时，可以让儿童在睁眼或闭眼状态下交替前进或倒退。

训练人员要注意调控儿童的行进速度及方向，也可以在儿童行走时进行提问，如成语、数学运算等。对于不熟悉操作技能的儿童，要让他们先在地面上进行练习，待熟练掌握技能后再在较宽的平衡木上训练。在儿童闭眼进行练习时，训练人员要保护儿童。

（三）羚羊舞步

该训练使用的器材主要为羊角球。

训练人员可以让儿童在羊角球上进行原地转圈。

训练人员可以让儿童在羊角球上折线连续跳，行进路线如多个“Z”首尾相接，并交替进行睁眼和闭眼的训练；也可以在训练过程中对儿童进行提问。

训练前儿童首先要熟练掌握羊角球蹦跳的基本技能，以适应操作环节的快速变化以及挑战性更大的训练项目；从而使各感觉系统间的整合度提高。

第三节　学习障碍儿童的感觉统合训练

学习障碍指个体在听、说、读、写、数学运算、推理等学习能力方面存在明显异质性障碍的统称。学习障碍有多种相近的术语，如学习困难、学业不良、特指性学习障碍等。个体发展的任何阶段都有可能因为神经系统功能障碍而导致学习障碍。其中较为常见的是儿童学习障碍，直接影响着儿童自身的人格建立、认知以及心理健康。

儿童学习障碍的评估主要有认知能力评估、学业成就测试以及注意力评估等。儿童学习障碍的成因比较复杂，个体间的差异较大，有些源于感觉统合失调，有些源于家庭教育、学校教育及个人身体健康状态等。所以，对于学习障碍儿童，除了必要的认知、学能训练，感觉统合训练必不可少。

一、学习障碍儿童的特点

学习障碍儿童在学习上一般表现为语言理解困难或表达不良、发音不准、阅读障碍、书写困难、笨手笨脚、视空间障碍、继发性情绪问题、多动、注意力不集中、品行问题、人格障碍等。例如，学习障碍儿童对文字符号镜像化处理明显，逻辑顺序颠倒，对方位、大小、轻重、长短以及图形辨认困难；上课难以认真听讲，不停摆弄文具、头发，写作业时东张西望，极易受外界刺激的干扰。如果不及时接受训练干预，则很容易在青少年时期与成年时期形成人格障碍，威胁社会安定。

感觉统合训练能够加强儿童的前庭功能，使儿童的中枢运动系统得到良好发展。尤其是前庭刺激的不断输入，打开了通往神经系统的部分通路，促进了神经系统的发育，改善了大脑感觉的组织协调和动作过程，使神经系统有目的地去运作。同时感觉统合训练使儿童的本体感觉与掌管这些功能的神经进行了多次统合协调，改善了儿童注意力不集中、情绪不稳定、任性、阅读困难和动作磨蹭等现象，减少了儿童学习上的阻碍，提升了学习兴趣，提高了学习效率。

案　例

小红在老师上课时常分辨不清“妮”“泥”“你”“匿”，和“乌”“无”“丘”“务”等近似音；上课经常分心走神；书写时经常字不成行，经常涂抹擦拭；写字经常多一撇少一画，或者把答案抄错；常漏掉许多明显的信息，考试时常漏题；记不住人脸的图形，交往能力差；爱读书，解决图形式的逻辑思维问题和空间想象能力差；学习时较为刻板，不能将新学习技能迁移到新环境中。

二、训练基本策略

（一）训练目标

学习障碍儿童的感觉统合训练的主目标是通过高位统合训练，提高各感觉通路间的统合能力，增强言语、认知、动作、感知觉间的整合性能，促进脑功能的整体化水平。其辅目标是提高动作技能精细水平和策略性解决问题的意识，改变消极自我概念，积累积极心理体验，增强抗挫能力。

（二）训练内容

学习障碍儿童的感觉统合训练除进行常规的触觉功能、前庭功能、本体觉功能训练外，应着重对儿童进行高位统合训练，提高其感知觉、动作、言语、认知等多方面整合的能力。在高位统合训练中，认知、言语内容的涉及面要广泛，形式要多样。对于学龄期儿童，可将其已学或正在学习的知识渗透于训练中。

（三）训练前准备

训练前准备切忌将感觉统合训练课变为学科知识复习课，在设计训练课时确保以感觉统合训练为主，适度渗透认知、文化教育内容。

（四）训练组织形式

各类训练组织形式均适用于学习障碍儿童，但训练人员需注意以下几点。

（1）积极尝试儿童主导式，有意识采取互动、互助等形式。学习障碍儿童的训练要给予儿童更多的决定权，锻炼其自我意识、自我安排、自我管理等能力。

（2）适当增加亲子互动。学习障碍儿童的训练最终主要依赖家庭训练，故训练人员应注重亲子互动，注重对家长的指导和培养，增进儿童与父母之间的情感。

（3）团体、合作或分组等训练形式。选择这种训练形式需注意安排能力相当的儿童，同时训练人员要密切注意儿童间的互动情况，防止意外发生。

（五）训练方式

感觉统合训练的各种方式均会在学习障碍儿童训练中用到，但训练人员需注意以下三个方面。

（1）以主动训练为主。由于学习障碍儿童不伴有肢体及机能障碍，训练旨在促进儿童的认知、言语与其他感觉间的统合能力发展，因此多采用主动训练方式。

（2）必要时采取主动训练方式。当学习障碍儿童出现注意力不集中、动作不规范时，训练人员要及时介入他们的训练，通过言语或动作辅助引导他们顺利地完成训练。

（3）重视间隔训练。由于学习障碍儿童的训练以高位统合训练为主，体力消耗相对较大，产生的疲劳以心理疲劳为主，因此需采取变化训练场景或更换训练内容等间隔训练措施，达到缓解心理疲劳、长时间维持适当唤醒水平的目的。

（六）训练人员的技术要求

1.言语表达

（1）增加非言语沟通。训练人员在训练中要注意言语沟通和非言语沟通交替使用，同时要有意识地调整音调、音长、节奏等。

（2）把握言语表达的时机。训练人员对儿童的指令、要求、评价等要适当。例如，儿童在多次训练后仍出现偏差，训练人员无须当场指正，可待训练结束时引导儿童回忆训练过程，自行发现错误。

（3）调控一次呈现指令的个数。根据训练阶段和儿童的水平，有意识地逐渐增加一次呈现指令的个数，有助于提高儿童的短时记忆和长时记忆，拓展记忆广度，提高大脑同时处理并加工多条信息的能力。

（4）把握信息容量，锻炼儿童提取关键信息的能力。对于MR、ADHD或孤独症儿童，言语训练容量要小且简练准确；但对于学习障碍儿童，可呈现信息量大的指令，传递与当前项目相关的信息，锻炼儿童快速把握主要信息的能力。

2.操作示范

（1）逐步减少动作示范。学习障碍儿童有较强的学习能力，除了新训练项目及错误操作频发环节须进行动作示范外，对于大多训练项目的操作要领，训练人员借助于语言加以讲解即可。

（2）训练人员完成动作示范或言语解释后，要求儿童回想环节及技术要领，模拟再现全部示范内容或口述操作要领。

（3）示范方式要多元化。

（4）调控一次示范的容量。原则上一次性呈现示范的容量与环节数量应随训练水平的提高而递增，但需依据训练对象有所不同。

3.支持与纠偏

（1）处理好心理支持与技术支持的关系。在训练初期，心理支持和技术支持均须介入且必不可少，而在训练后期心理支持分量更重。

（2）纠偏的对象问题。纠偏包括动作行为（动作幅度、质量、正确性、流畅性等）纠偏和心理状态（过度兴奋、消极被动、烦躁不安等）纠偏，故训练人员不仅要实时关注儿童的动作完成情况并给予及时纠正，还要善于捕捉学习障碍儿童心理状态的变化，并适当调整。

（3）纠偏时机。面对学习障碍儿童应灵活变动，为其提供自主发现错误、主动纠正错误的机会，不必马上介入纠正。

4. 评价与反馈

评价与反馈内容和 ADHD 儿童的感觉统合训练基本相同。

三、训练项目举例

（一）双人球池训练

该训练主要使用的器材为海洋球池。

（1）飞身入水：两名儿童跳入或双臂伸展俯冲入池底。

（2）飞流直下：一名儿童采取坐位、跪位或倚靠球池内壁，另一名儿童持盆盛球并不断“泼”向对方。

（3）飞舞狂书：两名儿童采取一定姿势于池内，轮流在对方背部或掌心书写，由被动感受方猜测书写内容。

（4）飞球闪躲：一名儿童采取适当体位于池内，并躲闪池外另一名儿童抛来的海洋球。

进行此训练时要由训练人员示范或描述一个动作要领和技术要求，然后让儿童再进行练习。同时训练人员也可以在训练中添加认知指导，如在第三个训练项目中进行汉字、字母、数字等书写。

（二）指令性吊缆插柱训练

该训练主要使用的器材为插板、吊台和吊缆。

儿童俯卧于吊台或吊缆上，由训练人员抓住吊缆前后摆荡，然后儿童从插板上取出插柱或将插柱插入插板的插孔。等儿童操作熟练后，再由训练人员发出指令进行训练。指令要变化呈现的方式，并逐渐增加指令内容。

在此训练中可以整合认知、言语等内容，提高儿童大脑各功能区之间的信息交流与统合，也可以采取继时性整合训练，将儿童当前学习的文化知识穿插于训练项目中。

视频 8-3-1 指令性吊缆插柱训练

（三）家庭训练

家庭训练包括如下几种。

（1）时光倒流：家长在儿童睡前轻叩、按压或搓揉儿童全身，帮助儿童放松，同时引导其回想当天的所见、所闻、所想、所做；也可以进行自主训练，让儿童自我按摩且注意力集中于被触部位，然后全身放松仰卧床上，回忆一天的生活过程。

（2）丛林游戏：儿童以一定的行进速度多角度穿梭于高低交错、密度不一的“绿丝绦”或障碍物间。家长可以先在地板上间隔预置棋子或小型玩具，然后让儿童穿行其间。在训练期间，儿童要与家长进行认知、言语等方面的互动。

（3）随意问答：家长可就生活中的琐事与儿童交流，并进行一问一答。例如，“昨天我们去超市买了什么”“上次我们去公园是什么时候”，这样可以帮助儿童找寻其生活的线索及轨迹，有利于提高儿童的记忆力、观察力和注意力。

（4）物品归整：家长有意识地让儿童整理物品，如自己的衣物、碗筷、杂乱无章的玩具等。

家庭训练系统性不强，强度不高，但形式灵活，训练所需的条件限制少，儿童完成训练项目的心理压力小，可能更易成功。另外，家庭训练还可以增加亲子交流，对改善家庭生活氛围有重要作用。

第四节　孤独症儿童的感觉统合训练

孤独症属于广泛性发育障碍范畴，以严重的社会交往障碍、沟通障碍和重复刻板行为为基本特征。该病的发生率较高，且呈明显上升趋势。

目前，关于孤独症的病因还不完全清楚。临床上关于孤独症的诊断评估、干预理论非常多，各有侧重。训练人员应广泛了解、科学评估。对于被确诊的孤独症儿童，临床需积极地干预，以改善孤独症儿童的各种症状，促进其健康成长。目前临床上常用的干预方法有应用行为分析疗法、结构化教育法、人际关系发展干预、游戏文化介入、感觉统合训练等，这些方法均有一定的疗效。在这些干预方法中，感觉统合训练是重要方法之一，能够提高孤独症儿童的社会交往能力等，为孤独症儿童的良好发展打下基础。

案　例

小峰出生后不会吸吮妈妈的乳头，开始吃辅食的时候咀嚼能力很差，不会嚼东西，迟迟不会发音；随着年龄的增长喜欢原地打转，从来不觉得头晕。小峰喜欢看运动的东西，如转动的音乐玩具，喜欢看马路上来来往往的汽车，还喜欢把玩具车都整整齐齐地排成一排。此外，他还喜欢冲马桶，不停地按按钮；害怕和别人进行目光接触，连自己的妈妈都不能对视；特别害怕某些声音，如吸尘器、理发电动推剪、引擎启动声等。

一、孤独症儿童的特点

（一）语言发育障碍

多数孤独症儿童存在语言发育延迟障碍，或者是在正常语言发育后出现语言倒退。孤独症儿童对语言的理解能力较弱，缺乏抽象的概念。

（二）社会交往障碍

在婴儿期，孤独症儿童回避目光接触，对人的声音缺乏兴趣和反应，没有期待被拥抱的姿势，或被抱起时身体僵硬，不愿与他人贴近。在幼儿期，孤独症儿童仍回避目光接触，呼之常无反应，对父母不产生依恋，缺乏与同龄儿童交往或玩耍的兴趣，不会以适当的方式与同龄儿童交往，不能与同龄儿童建立伙伴关系，不会与他人分享快乐。学龄期后，随着年龄增长及病情改善，孤独症儿童对父母可能变得友好而有感情，但仍明显缺乏主动与他人交往的兴趣和行为。虽然部分孤独症儿童愿意与他人交往，但交往方式仍存在问题。他们对社交常情缺乏理解，对他人情绪缺乏反应，不能根据社交场合调整自己的行为。

（三）刻板重复动作，兴趣范围狭窄

孤独症儿童表现出一种或多种重复刻板行为，持久专注于物体的细节，坚守一成不变的日常生活规律和环境布置，如重复看一个电视节目，喜欢转圈，一旦受阻会出现大哭大闹、不安等情绪反应。

（四）感觉统合失调

孤独症儿童在视觉、听觉、肤觉、前庭觉、本体觉等多个方面存在不同程度的异常，影响其感觉间的信息统合和整体把握感知对象。在前庭觉方面，大部分孤独症儿童表现极不敏感，长时间做旋转类活动且无眩晕现象。虽然这类儿童的运动能力强，但本体感觉发展不完善，运动过程中往往出现多余动作，运动能力明显不足。

二、训练基本策略

（一）训练目标

训练的主目标是改善孤独症儿童触觉、温度觉和痛觉过度敏感或迟钝的异常状况，提高其前庭觉敏感性和本体感觉能力，发展其感觉与动作的统合能力，提升其运动能力，为改善孤独症儿童的异常行为及其他障碍奠定基础。训练的辅目标是通过各项训练，提高儿童对周围事物的关注度，改善其身体概念和空间概念，促进其社会交往能力的发展。

训练初期目标设定以离散目标为主，随着儿童逐渐适应训练的各环节，可以根

据儿童的情绪状况和运动水平制定适当的连续目标，以增强训练强度，提高训练成效。

（二）训练内容

孤独症儿童多感觉通道异常，决定了针对该类儿童的感觉统合训练首先应进行分领域的感觉训练，丰富视觉、听觉、触觉、嗅觉、味觉、前庭觉、本体觉各领域的信息，有效刺激中枢感觉区。分领域的感觉训练达到一定周期后，可根据儿童的情绪状态和运动能力设计难度较大的感觉统合综合训练项目。

（三）训练前准备

孤独症儿童的心理行为特点要求训练活动的准备工作尽可能全面细致。

（1）充分了解儿童的基本信息和特征性反应。在训练初期，训练人员应充分了解儿童的信息，包括基本情况、诊断评估信息、康复训练史、家庭教育等。随着训练的深入，训练人员应及时记录儿童的训练情况，如能力水平、情绪变化、异常行为等。

（2）与儿童建立良好的关系。孤独症儿童与训练人员的良好关系直接影响儿童的配合程度和完成训练的质量。

（3）适时改变训练因素。孤独症儿童的刻板行为往往要求训练环境、训练人员、训练组织形式一成不变。相对固定的训练因素更有利于孤独症儿童稳定情绪，较好地参与训练，但长期的一成不变会助长孤独症儿童的刻板行为，因此需要适时改变训练因素，做好泛化工作。

（四）训练组织形式

孤独症儿童的感觉统合训练主要采用训练人员主导的个别训练和儿童自助式训练。对于轻度孤独症儿童，在个别训练的基础上可采用互动、互助式训练，丰富训练形式，增加训练强度，以提高儿童的社会交往能力。

（1）儿童自助式。在训练初期，训练人员难以介入儿童的活动，儿童也几乎不能进行同伴互助、互动训练，故此阶段的感觉统合训练以儿童自助式训练为主。儿童独自进行自己感兴趣的活动，训练人员不干预其活动，但要为其活动创设条件或提供安全支持，增加彼此接触的机会。在训练中后期，随着儿童动作自动化水平的提高，训练人员也可适当采用此训练组织形式提高儿童的自主活动意识。

（2）训练人员渗透式。当儿童不抗拒训练人员时，训练人员可积极参与其活动，引入新的训练因素。

（3）训练人员伴随式。经过一段时间自助式和渗透式训练，儿童对训练人员产生一定的依赖，训练人员可采用伴随式参与儿童的训练，引导儿童完成完整的训练单元任务。

（五）训练方式

在训练初期，儿童与训练人员还未建立良好的关系，难以与他人合作，这时适宜采取主动训练的形式让儿童自主活动。在训练中后期，为了提高训练强度，促进儿童社会交往能力的发展，训练人员应加大主动和被动训练的比例。

孤独症儿童往往难以长时间专注于一种训练形式，因此主要采取间隔训练的方法，一方面可以提高儿童的积极性，另一方面增加训练项目降低儿童刻板行为的发生率。

（六）训练人员的技术要求

1. 言语表达

训练人员与孤独症儿童沟通或发指令时首先应找准时机，在儿童关注时及时呈现核心信息，言语要简洁、直奔主题，结合适当夸张的表情和坚定的语气。

2. 操作示范

孤独症儿童视觉注意力差，操作示范主要采用被动感受示范。儿童在训练人员的扶持下被动感受动作要领，学习新动作。若儿童能理解和模仿训练人员的简单动作，训练人员可在儿童情绪较好、注意力集中时进行动作示范。具体要求是抓准时机，在儿童近处进行同向示范，动作速度不宜过慢，不拖沓，多环节连续呈现。

3. 支持与纠偏

训练人员应关注对孤独症儿童的心理支持。在训练初期，一些儿童需要摆弄特定物品或间歇性得到母亲的安慰后才能继续训练，训练人员可满足儿童的这类需要。随着训练的深入，可适时弱化儿童对特定对象的依恋。孤独症儿童的错误动作一旦形成很难纠正，因此儿童学习新动作时，训练人员宜采用扶持儿童躯体的特定部位，使儿童在受控制状态下进行训练，感受训练的操作要领，形成正确的动作。

4. 评价与反馈

障碍程度较重的孤独症儿童大多很难理解他人的言语或非言语评价，对他人的反馈几乎没有应答，但在训练中评价与反馈还是要进行的，或许会有收获，如拥抱或给予钟爱物品等。对于障碍程度轻的孤独症儿童，训练情况的评价与反馈和其他儿童相似。

三、训练项目举例

（一）压马路

该训练主要使用的器材为滚筒、瑜伽垫、平衡步道。

儿童在睁眼或闭眼的状态下卧在地面上，并在身上放置一块瑜伽垫。训练人员用滚筒来回滚压瑜伽垫的同时，还要让儿童表达滚压的动作或所压身体的部位。

儿童在睁眼或闭眼的状态下将平衡步道卷于身上，卧于地面，然后训练人员用滚筒来回滚压儿童。由于闭眼进行的训练感受性强，强度大，孤独症儿童很抵触闭眼的动作，闭眼的时间也很短，因此训练人员要鼓励并督导儿童在闭眼状态下完成训练。另外，训练所用滚筒不宜过重，且训练人员力度不宜过大，以防压伤儿童；但如果儿童感觉无碍，可适当加大滚动的力度和幅度。

（二）旋转飞人

该训练使用的器材为吊台和羊角球。

儿童坐或卧于吊台上，训练人员推动吊台，做小幅度摆荡。在摆荡过程中，训练人员要注意儿童的手是否抓住吊绳及身体是否稳定，可轻拍儿童身体并与其交流。

视频 8-4-1
旋转飞人

训练辅助人员手持羊角球站在吊台周围，在大幅度摆荡吊台的同时，让儿童用手、头或脚撞击羊角球。若儿童能力较强，可以让其说出击球的次数。训练人员要用手抓住儿童的衣裤、手臂或腿，防止儿童摔下。

儿童双手抓紧吊绳，在身体保持平衡后，由训练人员逐渐加快吊台旋转的速度。同时，训练人员要时时关注儿童的身体是否保持平衡。训练人员应在快速旋转结束后让儿童开机下吊台，站于地面。

刚开始进行该训练时，训练人员要让儿童适应吊台的晃动，可根据儿童的反应调控训练时间。如果儿童的前庭感觉不敏感，时间可以延长；如果儿童的前庭感觉敏感，时间要适当缩短。在儿童下吊台时，训练人员要紧随其后防止儿童眩晕摔倒。

（三）传球

该训练使用的器材为球类及一些障碍物。

训练人员与儿童用脚踢球，进行传、接球训练；可通过两人所站的距离、球的大小、传球的力度和角度来调控传接球的难度。

训练人员应让儿童踢球，并以最快的速度通过障碍物，到目的地后把球投入筐内。

在进行该训练时，训练人员可以让多个儿童一起参与，并适当增加互动或互助，提高其社会交往能力。

（四）运动推球

视频 8-4-2
运动推球

该训练使用的器材为球和滑梯。

儿童把球推向前方 30 ～ 50 厘米远的墙，做一次翻滚动作后接住球，并把球推向墙，如此反复。训练人员可以改变球的大小、表面光滑度、重量，离墙的距离、墙面的光滑度和硬度，以及翻滚动作的防线、数量等。

儿童从滑梯滑下的同时，推动置于滑梯旁或滑梯底部的球。训练人员要做好保护工作。

球类训练还可配合蹦床、浪桥等器材来设计多种综合训练项目，这不仅可以促进孤独症儿童感觉统合能力的发展，还可以发展其认知、社会交往能力。

第五节　脑瘫儿童的感觉统合训练

脑瘫是指自受孕开始至婴儿期非进行性脑损伤和发育缺陷所导致的综合征，主要表现为中枢性运动障碍及姿势异常。其核心症状是中枢性运动障碍和姿势异常，还常伴随其他症状，主要有智力障碍、言语障碍、视觉障碍，少数可能伴有听觉障碍。

根据运动障碍类型，脑瘫分为痉挛型、手足徐动型、强直型、肌张力低下型、共济失调型、震颤型和混合型。由于损伤部位及程度的差异，脑瘫儿童各方面的表现差异较大。疾病往往对脑瘫儿童的日常生活、学习等造成严重影响，故脑瘫儿童均需接受适当的教育和训练。

一、脑瘫儿童的特点

（一）运动方面

脑瘫儿童无论是粗大运动还是精细运动，均较同龄儿童发育慢。另外，他们还会有肌张力异常和姿势异常，如仰卧位头后仰，直立悬空时两脚交叉呈剪刀状等。

（二）感知能力

脑瘫儿童存在视觉、听觉异常，触觉、前庭异常敏感或迟钝，本体感不足，一项或几项感觉异常。

（三）言语方面

脑瘫儿童由于呼吸、舌唇下颌等本身存在异常，且可伴随智力障碍、言语障碍，因此常出现构音障碍、发音不清、无言语能力等。

二、训练基本策略

（一）训练目标

脑瘫儿童的主要症状是运动障碍和身体姿势异常，同时在视、听、智力、言语等的一个方面或几个方面存在不同程度的障碍，所以感觉统合训练的主目标是在提高其本体感觉、触觉、前庭觉的基础上提高其运动协调能力，为其运动能力的提高奠定基础。其辅目标是针对儿童的伴随障碍，提高其视、听、认知、言语等方面的能力。

（二）训练内容

训练内容的重点是本体感觉训练和前庭觉训练，同时兼顾粗大动作、精细动作、肌力和耐力等的训练。对于肌张力过高或过低的儿童往往还需要借助于其他的辅助疗法，如针灸、按摩等。

（三）训练前准备

脑瘫儿童的训练周期长，无论是训练机构还是家长均应做好准备工作。

（1）全面了解儿童的信息。训练人员必须全面了解儿童的运动障碍类型、程度、部位、伴随障碍、既往受训情况等相关信息。同时，训练人员也要掌握儿童在运动、感知、言语、社会技能等方面的发展水平，以便制订合适的训练计划。另外，训练人员还要了解儿童的家庭训练环境，以便开展家庭康复训练。

（2）调整训练环境，消除安全隐患。脑瘫儿童训练环境的安全性要求更高。训练前要根据儿童的特点对训练场所进行全面检查，消除各种不安全因素。

（四）训练组织形式

脑瘫儿童自身的运动障碍决定了在训练初期和技能学习形成阶段多采取以训练人员为主导的组织形式。对于脑瘫程度较重的儿童，多采用个别训练形式，在确保训练安全的同时维持一定的训练强度；对于脑瘫程度较轻的儿童，可以采用序列式或累加式训练形式，提高参与的积极性。

经过一段时间的训练，当儿童基本掌握了训练项目的操作技能后，可尝试采用儿童主导的训练组织形式，如个别自主训练形式。此时，训练人员除为儿童提供必要的安全保护外，还需要通过言语、动作对儿童的操作给予指导和支持。需要特别注意的是，儿童主导的组织形式多用于脑瘫程度轻、能力较好的儿童，如智力正常的偏瘫儿童，或者是安全系数高的训练项目，如海洋球池、阳光隧道等相关项目。

（五）训练方式

在训练初期或对于障碍程度严重的脑瘫儿童，被动训练是常用也是重要的训练方式，且持续时间较长。但长期被动训练，儿童易疲劳，积极性低，所以在被动训练的同时，可根据儿童的情况适当穿插助动训练和主动训练。对于脑瘫程度轻的儿童，要及时调整训练项目，由被动训练为主过渡到主动训练、助动训练交替使用，最后以主动训练为主。

（六）训练人员的技术要求

1. 言语表达

脑瘫儿童伴有认知障碍、视觉障碍、听觉障碍，所以训练人员的言语表达要缓慢、清楚、准确，尤其是在进行示范讲解和指导儿童做动作时不可含糊不清，要通过核心词表达操作要领。对伴随听觉障碍的脑瘫儿童，训练人员的肢体语言非常重要。另外，脑瘫儿童的训练周期长，长期面对一个或几个脑瘫儿童，训练人员极易对声音产生疲劳，故训练人员在训练中要适当改变语音、语调，增加趣味性，缓解心理疲劳。

2. 操作示范

在训练初期，示范动作要分解得当，示范速度要慢，尤其是在动作衔接处要结合语言讲解。在训练中，训练人员要实时进行示范，必要时进行一对一的被动感受法示范，即训练辅助人员扶持儿童模仿示范操作，使其准确感受操作要领。由于脑瘫儿童的动作慢，尝试操作需要较长时间，因此训练人员勿急，要耐心引导。示范内容以标准示范为主，少用鉴别示范。此外，对于伴有眼球运动异常的儿童，训练人员示范操作的展位角度及高度要调整好。

3. 支持与纠偏

在训练初期，儿童的多数操作离不开训练人员的直接支持，要么在训练人员手把手的支持下完成操作，要么训练人员在动作支持的同时给予言语解释。对于脑瘫程度较重的儿童，可能需要两人同时给予支持。儿童掌握基本操作技术后还是会存在不少问题，如操作不流畅、效率低等，那么纠偏就成为重要内容，有时要反复多次、持续较长时间。

4. 评价与反馈

脑瘫儿童的感觉统合训练的评价与反馈与其他儿童的大致相同，但需注意以下方面：①关注细微进步，积极评价与反馈；②有选择性地进行评价；③加强心理健康素质评价。

三、训练项目举例

（一）持球按摩

视频 8-5-1
持球按摩

该训练使用的器材是按摩球。

训练人员单手持球，在儿童的肩部、背部、腿部等处进行滚压、轻推、弹击等动作，并要求儿童说出相应的部位，训练儿童的动作、方向、轻重的感觉信息。

儿童一只手握按摩球，在另一只手的手心多次轻推、滚压；单手或双手持球，独自完成滚压、按摩、弹击体肤和关节处等；双手持球完成球在手中的转动、抓握动作。

此训练的不同环节要使用不同性质的按摩球，并要求儿童判断球的大小及表面情况，引导儿童体会不同体积、充盈度、软硬度的按摩球带来的不同感觉。另外，由于脑瘫儿童可能会在脊柱、四肢关节等处存在畸形或动作受限，训练人员训练前须充分了解儿童的情况。

（二）阳光隧道训练

该训练使用的器材主要为阳光隧道。

训练人员应在阳光隧道内部或下部放置平衡步道，并在隧道下放若干大小不一的按摩球、花生球等，让儿童从阳光隧道内爬出，并对儿童爬行时间计时。在进行此训练前，训练人员需让儿童克服恐惧，能够从容地在隧道内爬行。如果儿童对爬行无积极性，可用食物、玩具等在隧道出口引导。

儿童在隧道内倒爬出时，训练人员需随时注意儿童在隧道内的情况。如果儿童无法完成，训练人员可以从入口爬入隧道，与儿童头对头帮助其完成倒爬。

训练人员应在隧道内放置大小适中的按摩球、羊角球等，让儿童爬行并将球推出隧道。

在训练中，儿童容易出现疲劳、恐惧的心理，训练人员需要及时对项目进行调整，增加训练的趣味性，提高儿童参与的积极性，增强其自信心。

（三）家庭训练

家庭训练包括如下几种。

（1）穿越障碍：家长可以在床上为儿童放置枕头、未折叠的被褥、体型较大的毛绒玩具等，让儿童置身其中；然后家长躲藏在儿童看不见的地方，呼唤儿童的名字，让儿童听辨声音传出的方向，穿越障碍寻找家长。

（2）翻山越岭：家长先将枕头、折叠的被子等间隔摆放，搭建训练用的“山岭”，然后帮助或引导儿童跨、踩、越过去。家长可以通过调整这些卧具的高度、宽度、位置来改变训练难度。

小结

与普通儿童相比，特殊儿童更容易出现感觉统合失调问题。在特殊儿童的教育训练中，感觉统合训练已成为必不可少的项目，对于改善儿童感觉统合失调以及综合康复有促进作用。本章主要介绍了智力障碍儿童、注意缺陷多动障碍儿童等五类特殊儿童的特点，并针对不同类型特殊儿童论述了训练目标、训练内容、训练前准备、训练组织形式、训练方式、训练人员的技术要求，同时列举了各类特殊儿童常用的感觉统合训练方法。

关键术语

智力障碍　注意缺陷多动障碍　学习障碍　孤独症　脑瘫

思考与练习

1. 智力障碍儿童的特点有哪些？

2. 简述注意缺陷多动障碍儿童感觉统合训练的目标。

3. 不同年龄阶段智力障碍儿童感觉统合训练的内容有什么不同？

4. 绝大部分孤独症儿童都会有感知方面的问题，感觉统合训练方法是应用在孤独症儿童当中较常用的一种方法。若对孤独症儿童开展感觉统合训练，训练人员需要提前做哪些准备？

5. 对脑瘫儿童进行康复训练，涉及感觉与知觉训练。请选择可促进脑瘫儿童感觉与知觉训练的器材及方式。

拓展阅读

1. 张长红．浅谈智力障碍儿童感觉统合训练的实效性．天津教育，2021（1）．

2. 张海娟．感觉统合训练在智力障碍儿童教育中的运用和效果．现代职业教育，2016（27）．

3. 于谦，梁伟仪．儿童注意缺陷多动障碍病因、诊断及治疗的研究进展．临床医药文献电子杂志，2020，7（24）．

4. 张会娟，鲁玉霞．认知和感觉统合训练治疗儿童学习障碍的效果观察．河南医学研究，2018，27（11）．

5. 皮翔．感觉统合训练在自闭症儿童认知能力及动作发展能力中的应用效果．中国当代医药，2020，27（12）．

6. 李娟．儿童感觉统合训练．北京：中国妇女出版社，2016.

7. 王和平．特殊儿童的感觉统合训练．北京：北京大学出版社，2011.

参考文献

[1] 丛芳，崔尧. 水中运动治疗的发展现状与展望. 华西医学，2020，35（5）：527-533.

[2] 中国康复医学会康复治疗专业委员会水疗学组. 水疗康复技术专家共识. 中国康复医学杂志，2019，34（7）：756-760.

[3] 高延，洪琦，罗小杏，等. 马术辅助干预孤独症谱系障碍儿童的疗效及应用研究[J]. 中国妇幼健康研究，2018，29（7）：837-841.

[4] 胡世红. 特殊儿童的音乐治疗[M]. 北京：北京大学出版社，2011.

[5] 陈芳，刘振玲. 数码听觉统合训练在小儿康复治疗中的应用研究[J]. 广西医科大学学报，2016，33（1）：160-161.

[6] 李文艳，胡春维，欧博玲，等. 数码听觉统合训练联合高压氧对脑瘫儿童语言障碍的治疗效果研究[J]. 中国听力语言康复科学杂志，2018，16（5）：376-378.

[7] 刘瑞雪，丁树荣，李雨霏. 儿童感觉统合能力影响因素研究[J]. 中国妇幼卫生杂志，2014，5（4）：10-13.

[8] Schaefer S Y, Louder T J, Foster S, et al. Effect of Water Immersion on Dual-Task Performance: Implications for Aquatic Therapy. Physiotherapy Research International: the Journal for Researchers and Clinicians in Physical Therapy，2016，21（3）：147-154.

[9] Meregillano G. Hippotherapy[J]. Physical Medicine and Rehabilitation Clinics of North America，2004，15（4）：843-854.

[10] Heine B. Hippotherapy. A Multisystem Approach to the Treatment of Neuromuscular Disorders[J]. Australian Journal of Physiotherapy，1997，43（2）：145-149.

[11] Geipel J, Koenig J, Hillecke T K, et al. Music-Based Interventions to Reduce Internalizing Symptoms in Children and Adolescents: a Meta-Analysis[J]. Journal of Affective Disorders, 2018, 225: 647-656.

[12] Spina E, Barone P, Mosca L L, et al. Music Therapy for Motor and Nonmotor Symptoms of Parkinson's Disease: a Prospective, Randomized, Controlled, Single-Blinded Study[J]. Journal of the American Geriatrics Society, 2016, 64 (9).

[13] Bolam, J P, Hanley, J J, Booth, P A, et al. Synaptic Organisation of the Basal Ganglia[J]. Journal of Anatomy, 2000, 196(Pt4): 527-542.

[14] Dyck M J, Piek J P, Hay D, et al. Are Abilities Abnormally Interdependent in Children with Autism?[J]. Journal of Clinical Child & Adolescent Psychology, 2006, 35 (1): 20-33.

[15] Freitag C M, Kleser C., Schneider M, et al. Quantitative Assessment of Neuromotor Function in Adolescents with High Functioning Autism and Asperger Syndrome[J].Journal of Autism and Developmental Disorders, 2007, 37 (5): 948-959.

[16] Goldstein M L, Morewitz S. Sensory Integration Dysfunction[M]//Chronic Disorders in Children and Adolescents. New York: Springer, 2011: 125-130.

[17] Kramer A F, Erickson K I, Colcombe S J. Exercise, Cognition, and the Aging Brain[J]. Journal of Applied Physiology, 2006, 101 (4): 1237-1242.

[18] Leonard C T, Hirschfeld H. A..Myotatic reflex responses of non-disabled children and children with spastic cerebral palsy [M]// Developmental Medicine & Child Neurology, 1995.

[19] Mink J W. Basal Ganglia Dysfunction in Tourette's Syndrome: a New Hypothesis[J]. Pediatric Neurology, 2001, 25 (3): 190-198.

[20] Noterdaeme M, Amorosa H, Mildenberger K, et al. Evaluation of Attention Problems in Children with Autism and Children with a Specific Language Disorder[J].European Child & Adolescent

Psychiatry, 2001, 10 (1) : 58-66.

[21] Piek J P, Skinner R A. Timing and Force Control during a Sequential Tapping Task in Children with and without Motor Coordination Problems[J]. Journal of the International Neuropsychological Society, 1999, 5 (4) : 320-329.

[22] Thakkar K N, Polli F E, Joseph R M, et al. Response Monitoring, Repetitive Behaviour and Anterior Cingulate Abnormalities in Autism Spectrum Disorders （ASD）[J]. Brain, 2008, 131 (9) : 2464-2478.

[23] Toth K, Munson J, Andrew N M, et al. Early Predictors of Communication Development in Young Children with Autism Spectrum Disorder: Joint Attention, Imitation, and Toy Play[J].Journal of Autism and Developmental Disorders, 2006, 36 (8) : 993-1005.

[24] Villa G, Gainotti G, De Bonis C. Constructive Disabilities in Focal Brain-Damaged Patients. Influence of Hemispheric Side, Locus of Lesion and Coexistent Mental Deterioration[J]. Neuropsychologia, 1986, 24 (4) : 497-510.

[25] Rourke B P. The Syndrome of Nonverbal Learning Disabilities: Developmental Manifestations in Neurological Disease, Disorder, and Dysfunction[J]. Clinical Neuropsychologist, 1988, 2 (4) : 293-330.

[26] Mountcastle V B. The Parietal System and some Higher Brain Functions[J]. Cerebral Cortex, 1995, 5 (5) : 377-390.

附 表

儿童感觉统合失调行为表现、可能原因及指导策略

行为表现	可能原因	指导策略	类别
对不寻常移动（如上下车，前座移到后座，走不平地面）动作缓慢	前庭系统处理能力不足	摇晃运动、跳跃性运动、要求一定姿势的运动	重力不安全感
姿势不良	前庭觉—本体觉信息处理能力较差导致姿势控制能力弱	鼓励儿童推、拉或搬重物，如收积木、搬椅子等	
不喜欢被举高	前庭系统处理产生错误信息传给大脑	躺在小桌下仰面在桌面写字或用脚顶起桌子（桌面有人扶）	
阅读和算数有困难	左大脑分化异常	运用动作活动，如游泳、跳房子	前庭和大脑分化
时间观念、金钱的概念及测量能力的学习很慢	右大脑分化异常	体操、跳舞、跳板、滑冰、游泳	
常把数字、文字或部首写反，甚至前后反读	眼球控制能力弱	手指在空中写字、练习左右方位	
握笔太紧	本体觉不佳导致手部肌肉协调能力不佳	用黏土、泥土、面团、橡皮绳练习手及手指的精细动作	
橡皮擦拭太用力			
书写用笔太轻			
无法打开牛奶盒	本体觉不足导致手部肌肉控制力不佳，双侧整合能力差	玩操作类游戏，用适当的力气使用镊子夹小东西	

续表

行为表现	可能原因	指导策略	类别
写字时看一眼写一笔，做作业的时间过长	视知觉缺陷	七巧板拼图、彩纸拼图、猜谜	视觉空间、形态
玩积木总比不上别的儿童	处理与空间观念有关的知觉能力不足	搭积木数字、简单字或词的游戏；对数字、简单字或词的视知觉与辨别是重要的阅读准备技能	
阅读时容易错行或跳行	视觉空间与听觉处理不佳	写、画训练,训练眼手的协调、视觉追踪等能力；迷宫训练	
写字或对模型、图样的异同辨别常有困难	对字母感知能力弱或形状空间感不佳	视觉分辨、视觉记忆和视觉空间位置感训练材料	
混淆背景中的特定图形，不易看出或认出	视觉模式识别和视觉命名功能不足，导致个体视觉效率低和采样率降低	视觉分辨、视觉记忆和视觉空间位置感训练材料	
写字时常出格	本体觉信息传递不佳导致视知觉不良	视觉分辨——找不同；视觉空间——拼图	
无法正确抄写黑板上的内容	眼球动作控制能力较弱，抄写时转移平面有困难	视觉记忆——临摹和默画；视觉空间——拼图	
看书眼睛会累，却可以长时间看电视	眼球运动功能不足，导致阅读速度慢和不协调；由于融合功能和立体视觉功能不足，因此距离感差，容易视疲劳	棱镜补偿	
喜欢推拉重物或跟别人挤来挤去	感觉系统感应不足的儿童会出现寻求刺激的行为	增加肌肉阻力训练，拉圆形滑车或推拉秋千摇摆	脑神经生理抑制困难
注意力分散，不专心，小动作多	无法过滤刺激，接受指令较为困难，感觉防御敏感	减少外界的声音，在活动前保持安静或播放 α 音乐	
偏食或挑食	触觉功能发展不佳	尝试不同味觉的食物，餐前口腔触压觉训练	
害羞，见到陌生人赶紧躲避或紧张得捻衣角	触觉敏感	当儿童较为镇定时，给一些没有预期或不会产生厌恶的触觉刺激	
怕黑	过分防御，躯体和情绪反应过度	单独让儿童进入玩具小剧场，或玩大纸箱游戏	

续表

<table>
<tr><th>行为表现</th><th>可能原因</th><th>指导策略</th><th>类别</th></tr>
<tr><td>睡觉时总爱触摸被角，抱棉被、衣物或玩具</td><td>触觉神经和外界环境协调不足，会影响大脑对外界的认知和应变，导致触觉敏感（防御过强）或触觉迟钝（防御太弱）</td><td>睡前讲故事时用毯子紧紧包裹；也可坐在腿上摇晃，提供深压觉刺激</td><td rowspan="3">脑神经生理抑制困难</td></tr>
<tr><td>做美工时不愿使用胶水或浆糊</td><td>触觉防御</td><td>触觉球、深压觉游戏、颗粒大笼球碾压身体</td></tr>
<tr><td>不愿同伴靠得太近或有攻击性行为</td><td>感觉防御敏感而攻击或害怕反应</td><td>使用触觉板、毛刷或地毯、磨砂纸；讲故事时用毯子紧紧包裹，也可坐在腿上摇晃，提供深压觉刺激</td></tr>
<tr><td>拖拉</td><td>感觉防御敏感分心，无法集中精力，动作计划能力弱</td><td>重量背心</td><td rowspan="7">发育期运用障碍</td></tr>
<tr><td>3～4 岁不会洗手，不会使用筷子</td><td rowspan="3">精细动作协调差，触觉本体觉区辨能力弱，双侧整合能力差</td><td rowspan="3">洗脸、洗澡或睡觉前，以手或柔软的手巾轻轻地触压或按摩儿童的手、脚或背部；用软毛刷子刷儿童的手心、手臂及腿部；爬行训练</td></tr>
<tr><td>4～5 岁不会玩骑上、爬下或钻进去等的大玩具</td></tr>
<tr><td>5～6 岁不会站起来用脚荡秋千，不会攀绳网</td></tr>
<tr><td>穿脱袜子和衣服、扣纽扣、系鞋带等动作非常慢，或做不来</td><td rowspan="2">精细动作协调不佳，触觉或本体觉区辨能力不佳</td><td rowspan="2">需要力量调节的活动训练，用镊子捡小物品；玩操作类游戏或玩运鸡蛋等需要调节力气的游戏</td></tr>
<tr><td>写字、剪贴作业、着色等做得不好或非常慢</td></tr>
<tr><td>不喜欢理发、洗头</td><td>触觉防御</td><td>触觉球、深压觉游戏、颗粒大笼球碾压身体</td></tr>
</table>